高职高专"十二五"规划教材

常用电气设备控制电路制作与调试

范丛山　张　娟　主　编
严法高　副主编
倪永宏　主　审

U0305929

化学工业出版社

·北京·

本书以学生就业所需的专业知识和操作技能作为着眼点，本着以基于行动导向的"教学做"一体化的教学思路，设计了基于工作过程的学习情境和工作任务。全书贯穿"学习目标与要求、知识链接、技能训练和总结提高"的教学方法，将各知识点合理地组合起来，内容安排循序渐进，使相关知识与技能训练有机地融为一体，更加体现职业教育的特点。

全书共分为 8 个学习情境和 27 个工作任务，主要内容包括低压电器的检验、全压启动控制环节的连接与检查、降压启动控制环节的连接与检查、绕线式电动机启动控制电路的连接与检查、三相异步电动机制动控制电路的连接与检查、普通车床控制系统的连接与检查、普通铣床控制系统的连接与检查和电气设备控制系统的设计与制作等。

本书可作为高职高专院校电气自动化专业、生产过程自动化专业及机电一体专业及相关专业教材，也可作为企业相关技术人员的参考教材。

图书在版编目（CIP）数据

常用电气设备控制电路制作与调试/范丛山，张娟主编. —北京：化学工业出版社，2014.8（2021.8 重印）
高职高专"十二五"规划教材
ISBN 978-7-122-20944-3

Ⅰ.①常…　Ⅱ.①范…②张…　Ⅲ.①电气设备-自动控制-控制电路-高等职业教育-教材　Ⅳ.①TM762.1

中国版本图书馆 CIP 数据核字（2014）第 127823 号

责任编辑：王昕讲　　　　　　　　　　　装帧设计：王晓宇
责任校对：宋　玮

出版发行：化学工业出版社（北京市东城区青年湖南街 13 号　邮政编码 100011）
印　　装：天津盛通数码科技有限公司
787mm×1092mm　1/16　印张 10½　字数 273 千字　　2021 年 8 月北京第 1 版第 5 次印刷

购书咨询：010-64518888　　　　　　售后服务：010-64518899
网　　址：http://www.cip.com.cn

凡购买本书，如有缺损质量问题，本社销售中心负责调换。

定　　价：26.00 元　　　　　　　　　　　　　版权所有　违者必究

前　　言

随着高等职业教学改革的深入和省示范院校建设的展开，具有高职特色的教材建设成为高等职业教育示范院校建设的一项重要内容。

本书以能力本位教育为指引，以职业技能标准为依据，以适应岗位需要为目标，以"理论够用、加强应用、联系实际、突出特色"为原则，以培养技术应用能力为主线，以学生就业所需的专业知识和操作技能作为着眼点，本着以基于行动导向的"教学做"一体化的教学思路，设计了基于工作过程的学习情境和工作任务。

全书贯穿"学习目标与要求、知识链接、技能训练和总结提高"的教学方法，将各知识点合理地组合起来，内容安排循序渐进，使相关知识与技能训练有机地融为一体，更加体现职业教育的特点。

全书共分为8个学习情境和27个工作任务，主要内容包括低压电器的检验、全压启动控制环节的连接与检查、降压启动控制环节的连接与检查、绕线式电动机启动控制电路的连接与检查、三相异步电动机制动控制电路的连接与检查、普通车床控制系统的连接与检查、普通铣床控制系统的连接与检查和电气设备控制系统的设计与制作等。

我们将为使用本书的教师免费提供电子教案等教学资源，需要者可以到化学工业出版社教学资源网站 http://www.cipedu.com.cn 免费下载使用。

本书可作为高职高专院校电气自动化专业、生产过程自动化专业及机电一体化专业及相关专业教材，也可作为企业相关技术人员的参考教材。

本书由扬州工业职业技术学院范丛山和张娟担任主编，江苏城市职业学院武进学院严法高担任副主编。其中，学习情境一由张娟编写，学习情境二由严法高编写，学习情境三、四由唐明军编写，学习情境五由石瑞芬编写，学习情境六由单丹编写，学习情境七由吕志香编写，学习情境八由范丛山编写。另外，吕志香还参与了本书的整理工作。全书由范丛山统稿。

在本书的编写过程中，还参考了相关的教材和有关厂家的资料，在此一并表示感谢。

由于编者水平有限，书中疏漏和不妥之处在所难免，敬请读者批评指正。

编　者
2014 年 6 月

目　　录

学习情境一　低压电器的检验

【学习内容】

低压电器元器件名称、分类、型号、基本结构组成、工作原理、应用场合、主要参数、图形符号、元器件的质量检验等。

【学习目标】

能够进行电器元器件的质量检验，能够进行质量记录和检验文件编制工作。

模块一　开关类电器的检验

任务一　检验刀开关

任务单：刀开关送检单（表 1-1）

××××有限公司

表 1-1　供应物资流转凭证

仓库名称	□配套库		□化工库							
供货厂家	××××有限公司		凭证编号							
物资名称	刀开关		规格型号			HK2—10/2				
送检日期			入库日期							
计量单位	只	送检数量				入库数量				

采购员：　　　　　　检验员：　　　　　　审核：　　　　　　保管员：

注：一式四联。第一联仓库，第二联财务部，第三联检验员，第四联采购员。

第一部分　目的与要求

1. 知识目标

① 熟悉电压电器概念、分类；

② 掌握刀开关的作用、分类、型号、应用场合、主要参数、图形符号、文字符号等。

2. 技能目标

掌握刀开关的检验。

3. 需要准备的设备、工具与器材（表 1-2）

表 1-2　任务所需设备、工具与器材

名　　称	型 号 或 规 格	数 量
电器安装板	通用电器安装板(含紧固件)	1 套
负荷开关	HK2—10/2	1 个
常用工具	带绝缘柄的钢丝钳、绝缘垫、起子	1 套
游标卡尺	SF2000	1 个
弹簧测力计		1 个
万用表	MF47 型或其他	1 个
综合安全性能测试仪	安全性能综合测试系统 AN9640STS	1 个

第二部分　知识链接

凡是能自动或手动接通和断开电路，以及对电路或非电路现象能进行切换、控制、保护、检测、变换和调节的元件或设备统称为电器。按工作电压高低，电器可分为高压电器和低压电器两大类。高压电器是指额定电压为 3kV 及以上的电器；低压电器是指交流电压为 1000V 或直流电压为 1200V 以下的电器。低压电器是电力拖动自动电气控制系统的基本组成元件。

一、低压电器的分类

1. 按动作方式分类

（1）自动电器：依靠本身参数的变化或外来信号的作用，自动完成接通和分断等动作的电器，如接触器、继电器等。

（2）手动电器：用手直接操作来进行切换的电器，如刀开关、转换开关、按钮等。

2. 按用途分类

（1）控制电器：用于各种控制电路和控制系统的电器，如接触器、继电器等。

（2）主令电器：用于自动控制系统中发送控制指令的电器，如按钮、行程开关等。

（3）保护电器：用于保护电路及用电设备的电器，如熔断器、热继电器等。

（4）配电电器：用于电能的输送和分配的电器。如低压断路器、隔离器等。

（5）执行电器：用于完成某种动作或传动功能的电器，如电磁铁、电磁离合器等。

3. 按动作原理分类

（1）电磁式电器：依据电磁感应原理来工作的电器，如交直流接触器、各种电磁式继电器等。

（2）非电量控制器：电器的工作是靠外力或某种非电物理量的变化而动作的电器，如刀开关、行程开关、按钮、速度继电器压力继电器、温度继电器等。

另外，按电器的执行机构分类，可分为有触点电器和无触点电器。

二、开关类电器

开关电器主要用于隔离、转换、接通和分断电路，常作为机床电路的电源开关，或用于局部照明电路的控制及小容量电动机的启动、停止和正反转控制等。

常用的开关电器包括刀开关、组合开关、自动开关等。

1. 刀开关的基础知识

低压刀开关是一种手动电器，应用于配电设备作隔离电源用和控制照明电路，也用于小容量（5.5kW 以下）不频繁启动的电动机的直接启动。

刀开关和熔断器串联组合组成负荷开关；刀开关的动触头由熔断体组成时，即为熔断器式刀开关。这种含有熔断器的组合电器统称为熔断器组合电器。熔断器组合电器一般能进行有载通断，并有一定的短路保护功能。

注：安装刀开关时，绝缘底板应与地面垂直，手柄向上，易于灭弧，不得倒装或平装。倒装时手柄可能因自重落下而引起误合闸，危及人身和设备安全。

（1）刀开关的典型结构

刀开关的典型结构如图 1-1 所示，由手柄、触刀、静插座、铰链支座和绝缘底板等组成。刀开关依靠手动来实现触刀和静插座的通断。

（2）刀开关的分类

刀开关按刀的极数可分为单极、双极和三极；按结构可分为胶盖开关、铁壳开关和转换开关；按刀开关的转换方向可为单投（HD）和双投（HS）；按操作方式可分为直接手柄操作、杠杆操动机构式和电动机构式。常用刀开关有 HD 系列、HK 系列和 HS 系列，均作为不频繁地接通和分断电路之用。

刀开关的型号及含义如图 1-2 所示。

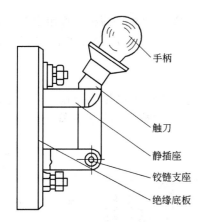

图 1-1　刀开关的典型结构

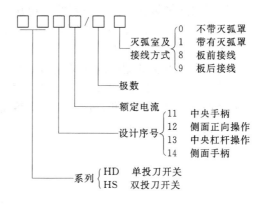

图 1-2　刀开关的型号及含义

（3）刀开关的主要技术参数

额定电压、额定电流、动稳定电流、热稳定电流（使用说明书中给出）、极数、控制容量等都是刀开关的主要技术参数。刀开关的额定电压和额定电流是刀开关正常工作时允许施加的电源电压和通过的电流；动稳定电流是指电路发生短路时，刀开关并不因短路电流产生的电动力作用而发生变形、损坏或触刀自动弹出之类故障电流；热稳定电流是指发生短路故障时，刀开关在一定时间（1s）内通过某一短路电流，并不会因温度急剧升高而发生熔焊现象的电流。

（4）刀开关的选择

① 根据安装环境选择刀开关的型式；

② 刀开关的额定电压和额定电流应大于等于安装地点的线路电压和电流；

③ 校验动稳定性和热稳定性。

例如，一般照明电路中，可选用额定电压 220V，额定电流大于等于电路最大工作电流的双极式刀开关；在小容量电力拖动控制系统中，选用额定电压为 380V、额定电流不小于电动机额定电流 3 倍的三极式刀开关。

（5）常用低压刀开关

① 开启式负荷开关：俗称瓷底胶壳刀开关或闸刀开关。中华人民共和国机械行业标准 JB 10185—2000 规定了 HK 系列开关适用于交流频率为 50Hz，额定电压为单相 220V，三相 380V，额定电流为 63A 的电路中的总开关、支路开关以及电灯，电热器等操作开关，作

为手动不频繁地接通与分断有负荷电路及小容量线路的短路保护之用的开关。

闸刀开关的结构如图 1-3 所示。

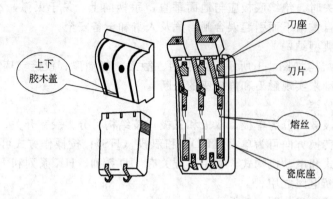

图 1-3　闸刀开关的结构

HK 系列开关额定电压（额定绝缘电压）为单相 220V 和 380V 两种。额定电流（额定发热电流）有 6A、10A、16A、32A、63A 五个电流等级。常用的胶盖开关有 HK1、HK2型，额定电流为 15A、30A、60A 。

开启式负荷开关的型号及含义如图 1-4 所示。

② 铁壳开关：又称封闭式负荷开关，壳盖与手柄之间有机械联锁，壳盖打开时不能合闸，而合闸时壳盖不能打开，比较安全。熔断器可配用瓷插式或无填料密封管式。

其结构如图 1-5 所示。

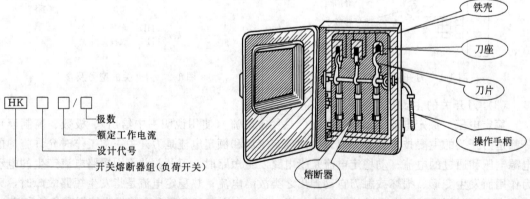

图 1-4　开启式负荷开关的型号及含义　　　　图 1-5　铁壳开关的结构

③ 熔断器式刀开关：载熔元件作动触点的隔离开关，用于 AC600V、约定发热电流630A 的高短路电流配电系统和电动机电路中，作隔离开关和短路保护。选用时除考虑刀开关的选用要求外，还需再考虑熔断器的特点。熔断器式刀开关（以下简称"刀熔开关"）的型号及含义如图 1-6 所示。

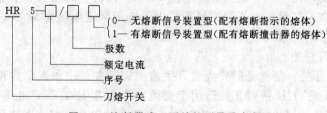

图 1-6　熔断器式刀开关的型号及含义

HR5 型刀熔开关的主要技术参数见表 1-3。

表 1-3 HR5 型刀熔开关的主要技术参数

额定工作电压/V	380		660	
额定发热电流/A	100	200	400	630
熔体电流值/A	4～160	80～250	125～400	315～630
熔断体号	0	1	2	3

（6）图形及文字符号

刀开关的图形及文字符号如图 1-7 所示。

2. 相关术语

（1）触头：在开关两个或多个导体，接触时接通电路，操作时因其相对运动而断开或闭合电路，并能保持有一定弹性及操作拉力的轴对称金属结构零件。

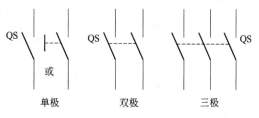

图 1-7 刀开关的图形及文字符号

（2）触刀：在开关中用于与触头组合，具有能接通与分断有负载电路和小容量线路的一种条状金属零件。

（3）熔断特性：在规定的时间内通以约定熔断电流或不熔断电流的保护特性。

3. 刀开关的故障诊断与检修

1）负荷开关的使用与维护

（1）HK 系列开启式负荷开关

① 刀开关在安装时，手柄要向上，不得倒装或平装。安装时电源线应接在刀座上方，负载线应接在刀片下面熔丝的另一端。如果倒装，手柄可能因为自动下落而引起误合闸，造成人身和设备安全事故。

② 开启式负荷开关控制照明和电热负载时，要装接熔断器作短路保护和过载保护。接线时，应将电源进线接在上端，负载接在下端。

③ 开启式负荷开关用作电动机的控制开关时，应将开关的熔体部分用铜导线直连，并在出线端另外加装熔断器作短路保护。

④ 更换熔体时，必须在闸刀断开的情况下按原规格更换。

⑤ 在分闸和合闸操作时，应动作迅速，使电弧尽快熄灭。

（2）HH 系列封闭式负荷开关

① 封闭式负荷开关必须垂直安装，安装高度一般离地距离为 1.3～1.5m，并以操作方便和安全为原则。

② 开关外壳的接地螺钉必须可靠接地。

③ 接线时，应将电源进线接在静夹座一边的接线端子上，负载引线接在熔断器一边的接线端子上，且进出线都必须穿过开关的进出线孔。

④ 分合闸操作时，要站在开关的手柄侧，不准面对开关，以免因意外故障电流使开关爆炸，铁壳飞出伤人。

⑤ 一般不用额定电流 100A 及以上的封闭式开关控制较大容量的电动机，以免发生飞弧灼伤手的事故。

2）刀开关的常见故障及处理

刀开关的常见故障与处理方法见表 1-4。

表 1-4　刀开关的常见故障与处理

序号	故障现象	产生原因	处理方法
1	开关触头过热或熔焊	(1)刀片、刀座烧毛 (2)速断弹簧压力不当 (3)刀片动、静触头插入深度不够 (4)带负荷启动大容量设备,大电流冲击 (5)有短路电流 (6)开关容量偏小 (7)拉、合闸动作过慢,造成电弧过大,烧坏触头	(1)修磨动、静触头 (2)调整防松螺母 (3)清除表面氧化层 (4)调整操作机构 (5)避免违章操作 (6)排除短路点,更换大容量开关
2	开关与导线接触部位过热	(1)联接螺钉松动,弹簧垫圈失效 (2)螺栓过小 (3)过渡接头因金属不同而发生电化学锈蚀	(1)紧固螺钉,更换垫圈 (2)更换螺栓 (3)采用铜铝过渡线
3	开关合闸后缺相	(1)静触头弹性消失,开口过大,造成动、静触头接触不良 (2)熔丝熔断或虚接触 (3)动、静触头氧化或有尘污 (4)开关时线或出线线头接触不良	(1)修理或更换静触头 (2)更换熔丝或使之坚固 (3)清洁触头 (4)重新连接
4	铁壳开关操作手柄带电	(1)电源进出线绝缘不良 (2)碰壳和开关地线接触不良	(1)更换导线 (2)坚固接地线

三、电工手册的使用

① 可以根据刀开关型号通过电工手册查得刀开关的主要技术数据和外形安装尺寸;

② 可以根据电路负载数据通过电工手册来选择合适的刀开关。

四、产品执行标准的网上检索

① 用搜索引擎搜索"标准技术网"或输入网址 http://www.bzjsw.com。

② 打开网页,在"请输入查询条件"后面输入想要的产品标准、标准号或标准名称,单击"标准检索"后会跳出相关标准,将要查找的标准进行下载。

五、JB 10185—2000 开关熔断器组(负荷开关)标准部分内容

(1) JB 10185—2000 条款 5:每只开关在明显的位置上标有铭牌,标志应清晰、易于辨认,并且是不可磨灭的,标志应标明下列内容。

① 产品型号;

② 额定工作电压;

③ 额定工作电流;

④ 制作厂的名称或商标;

⑤ 分合位置;

⑥ 接线端子标志。

(2) JB 10185—2000 条款 7.1.1:开关应符合本标准,并按照经规定程序批准的图样及技术文件制造。

(3) JB 10185—2000 条款 7.1.3:开关使用的绝缘材料组别应不劣于Ⅲb,即 100≤CTI<175,零件表面应具有良好的外观,允许有少量的缺陷,但不能影响开关的性能。

(4) JB 10185—2000 条款 7.1.5:开关所使用的起紧固作用的螺钉,均不得有松动或自动松脱现象。

(5) JB 10185—2000 条款 7.1.8:开关底座上的带电紧固螺钉孔均用耐热绝缘材料覆盖。

(6) JB 10185—2000 条款 7.1.9:开关上所有黑色金属制成的零件均应有防腐蚀层。

（7）JB 10185—2000 条款 7.1.10：开关的触刀与支架的铆合处及触刀与触头处均应涂不干性油，支承件铆合的力应适当，铆合处转动灵活。

（8）JB 10185—2000 条款 7.1.11：开关接线端子的结构应在适当的接触面间压紧导线，而又不会损伤导线和端子，与导线连接以确保持久地维持必要的接触压力，接线端子在安装外部导线时应容易进入并便于接线，其螺钉和螺母都不应作为固定任何其他零件之用。

（9）JB 10185—2000 条款 7.2.5：开关应操作灵活，其操作拉力应在表 1-5 规定的范围内。

表 1-5 刀开关操作拉力

U_e/V	极　数	I_e/A	操作拉力/N
220	2	6	1.96～13.7
		10	3.9～24.5
		16	3.9～34.3
		32	7.8～34.3
		63	11.8～44.1
380	3	16	7.8～44.1
		32	11.8～49
		63	19.6～78.5

第三部分 技能训练

训练内容：检验型号为 HK2—10/2 的开关熔断器组（负荷开关）。

1. 任务描述

根据表 1-1 送检单，依据表 1-6 的××××有限公司检验工艺卡片的检验技术文件，对实物进行检验并判定实物是否合格。

2. 实训内容及操作步骤

（1）读懂表 1-6 检验工艺卡片的内容。

（2）按工艺卡片的检验项目对型号为 HK2—10/2 的开关熔断器组进行检验。

① 检查外观

（a）目测检查开关铭牌上的标志。试验后结果判定：本项目检查应符合 JB 10185—2000 条款 5 的规定。

（b）目测检查开关的零件是否齐全。试验后结果判定：本项目检查应符合 JB 10185—2000 条款 7.1.1 的规定。

（c）采用目测和手动检查开关的外观质量。试验后结果判定：本项目检查应符合 JB 10185—2000 条款 7.1.3、7.1.5、7.1.8～7.1.11 的规定。

② 测量尺寸。采用游标卡尺对主要安装尺寸进行测量。试验后结果判定：本项目检查后实际安装主要尺寸应在图样规定的与允许范围内。

③ 测量操作拉力。开关应按正常位置安装，使其处于完全接通状态，力点取其手柄的末端（最大力矩处），方向与其手柄垂直向外。在测量之前，开关连续进行 5 次分合，然后用量程适用的弹簧测力计测量，对同一开关连续进行 3 次，以 3 次的平均值表示该开关的操作拉力。试验后结果判定：本项目检查结果应符合 JB 10185—2000 条款 7.2.5 的规定。

④ 测量绝缘电阻。绝缘电阻检查的测量部位包括：

（a）各电极对地；

（b）各电极对手柄；

（c）触头处在闭合位置时的电极之间；

(d) 触头处在断开位置时的同极进出线之间。

试验后结果判定：本项目检查结果应符合检验工艺卡片规定要求。

⑤ 测量介电强度。按 GB 14048.3—1993 中 8.2.3.2 规定试验。绝缘电阻检查的测量部位包括：

(a) 各电极对地；

(b) 各电极对手柄；

(c) 触头处在闭合位置时的电极之间；

(d) 触头处在断开位置时的同极进出线之间。

试验后结果判定：本项目检查结果应符合检验工艺卡片规定要求。

表 1-6　××××有限公司检验工艺卡片

×××× 家用电器有限公司		检验工艺卡片	产品型号		零(部)件名称	刀开关	页　码	
			产品名称		规格或标准号		共1页	第1页
序号	检验项目	技术要求			检测手段	检查方案	检验操作要求	
一	外观	无污迹、损伤及部件脱落等。应符合图样或国家标准 JB 10185—2000 条款 7.1.3、7.1.5、7.1.8～7.1.11 的规定；标志应符合 JB 10185—2000 条款 5 的规定			目测和手动检查	G—I0.65/批		
二	尺寸	符合图样的规定			游标卡尺	S—I 2.5/批		
三	操作拉力	开关应操作灵活，其操作拉力应符合图样或国家标准 JB 10185—2000 条款 7.2.5 要求			弹簧测力计	G—I0.65/批		
四	绝缘电阻	≥100MΩ			试验仪	G—I0.65/批	测两极之间及两极与绝缘部位之间的绝缘阻	
五	介电强度	额定工作电压 220V 的工频耐压试验值 AC2000V(1min)；额定工作电压 3800V 的工频耐压试验值 AC2500V(1min)无击穿或闪络（泄漏电流整定值 1mA）			试验仪	G—I0.65/批	测两极之间及两极与绝缘部位之间的耐压	
装订号	标记	处数	更改文件号	签字	日期	标记	处数	更改文件号	签字	日期	编制（日期）	校对（日期）	审核（日期）	会签（日期）

(3) 开具合格入库单。根据检查结果，如符合要求则在表 1-1 刀开关送检单的入库数量后的空格内填上实际合格数，同时在入库时间后空格内填写好时间，检验员后面签上自己的名字见表 1-7，如检查结果不符合要求则另行开具不合格产品入库单。

××××有限公司

表 1-7　供应物资流转凭证

仓库名称	□配套库		□化工库		
供货厂家	××××有限公司	凭证编号			
物资名称	刀开关	规格型号		HK2—10/2	
送检日期		入库日期			
计量单位	只	送检数量		入库数量	

采购员：　　　　　　检验员：　　　　　　审核：　　　　　　保管员：

第四部分　总结提高

(1) 认真总结学习过程，书写检测报告。

(2) 根据本任务所掌握的知识和技能回答下列问题。

① 什么是电器？什么是低压电器？低压电器按用途分哪几类？

② 试述刀开关的分类、用途和如何选用。

③ JB 10185—2000 标准将刀开关检验或试验分为哪三种？

④ 在测量绝缘电阻之前，为什么要对兆欧表进行自校？

⑤ 在测量介电强度之前，为什么要对绝缘耐压仪进行自校？

任务二　检验组合开关

任务单：组合开关送检单（表 1-8）

××××有限公司

表 1-8　供应物资流转凭证

仓库名称	□配套库			□化工库						
供货厂家	××××有限公司		凭证编号							
物资名称	组合开关		规格型号		HZ10—10					
送检日期			入库日期							
计量单位	只	送检数量			入库数量					

采购员：　　　　　检验员：　　　　　审核：　　　　　保管员：

第一部分　目的与要求

1. 知识目标

掌握组合开关的结构、动作原理、主要参数、图形符号、文字符号等。

2. 技能目标

学习检验文件的拟制，掌握组合开关的检验。

3. 需要准备的设备、工具与器材（表 1-9）

表 1-9　任务所需设备、工具与器材

名　称	型 号 或 规 格	数　量
电器安装板	通用电器安装板（含紧固件）	1 套
组合开关	HZ10—10	1 个
常用工具	带绝缘柄的钢丝钳、绝缘垫、螺钉旋具	1 套
游标卡尺	SF2000	1 个
万用表	MF47 型或其他	1 个
综合安全性能测试仪	安全性能综合测试系统 AN9640STS	1 个

第二部分　知识链接

1. 组合开关

组合开关又称转换开关，它实质上是一种特殊的刀开关，只不过一般刀开关的操作手柄是在垂直安装面的平面向上或向下转动，而组合开关的操作手柄则是在平行于安装面的平面内向左或向右转动而已。组合开关多用在机床电气控制线路中，作为电源的引入开关，也可用于不频繁地接通和断开电路、换接电源和负载及控制 5kW 以下的小容量电动机的正反转和△-丫启动等。

如果组合开关用于控制电动机的正反转，则在从正转切换到反转的过程中，必须先经过停止位置，待停止后，再切换到反转位置。组合开关本身不带过载和短路保护装置。

1）组合开关的结构

组合开关的实物及结构如图 1-8 所示。其内部有三对静触点，分别用三层绝缘板相隔，各自附有联接线路的接线柱。三个动触点互相绝缘，与各自的静触点对应，套在共同的绝缘杆上。绝缘杆的一端装有操作手柄，转动手柄，即可完成三组触点之间的开、合或切换。开关内装有速断弹簧，用以加速开关的分断速度。

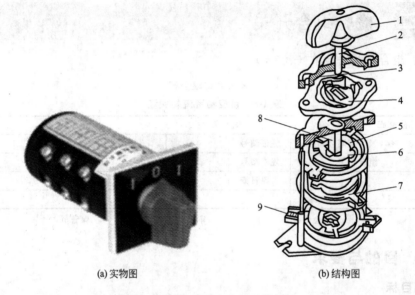

(a) 实物图 (b) 结构图

图 1-8　组合开关实物图及结构图

1—手柄；2—转轴；3—弹簧；4—凸轮；5—绝缘垫板；
6—动触片；7—静触片；8—绝缘杆；9—接线柱

2）组合开关的分类

组合开关有单极、双极和多极之分。普通类型的组合开关，各极是同时接通或同时断开的，这类组合开关在机床电气设备中主要作为电源引入开关，也可用来控制小容量异步电动机；特殊类型的转换开关各极交替通断（一个操作位置其触头一部分接通，另一部分），以满足不同的控制要求，其表示方法类似于万能转换开关。

常用的组合开关产品有 HZ5、HZ10、HZ15 系列。HZ5 系列是类似于万能转换开关的产品，HZ10 系列是我国的统一设计产品，HZ15 系列组合开关是新型号产品，用以取代 HZ10 系列老产品的我国的统一设计产品。

组合开关的型号及含义如图 1-9 所示。

3）组合开关的主要技术参数

组合开关的主要技术额定电流、额定电压、允许操作频率、可控制电动机最大功率等。

4）组合开关的选择

组合开关的选用应根据电源的种类、电压的等级、所需触头数及负载的容量选用。用于控制笼型异步电动机时，启停频率每小时不宜超过 15～20 次，开关的额定电流也应选大一些，一般取电动机额定电流的 1.5～2.5 倍。

5）组合开关的图形符号及文字符号

组合开关的图形符号及文字符号如图 1-10 所示。

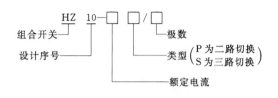

图 1-9 组合开关的型号及含义   图 1-10 组合开关的图形符号及文字符号

2. 组合开关的故障诊断与检修

1）组合开关的使用与维护

（1）HZ10 系列组合开关应安装在控制箱（或壳体）内，其操作手柄最好在控制箱的前面或侧面。开关在断开状态时应使手柄在水平旋转位置。HZ3 系列组合工关外壳上的接地螺钉应可靠接地。

（2）若需在箱内操作，开关装在箱内右上方。

（3）组合开关的通断能力较低，不能用来故障电流。

（4）当操作频率过高或功率因素较低时，应降低开关容量使用，以延长使用寿命。

（5）倒顺开关（指 HZ3—132 型组合开关）接线时，应看清开关接线端标记，切忌接错，以免产生电源短路故障。

2）组合开关的常见故障及处理

组合开关的常见故障与处理方法见表 1-10。

表 1-10 组合开关的常见故障与处理

序号	故障现象	产生原因	处理方法
1	手柄转动后,内部触头未动	(1)手柄上的轴孔磨损变形 (2)绝缘杆变形(由方形磨为圆形) (3)手柄与方轴或轴与绝缘杆配合松动 (4)操作机构损坏	(1)调换手柄 (2)更换绝缘杆 (3)坚固松动部件 (4)修理或更换
2	手柄转动后,动、静触头不能按要求动作	(1)组合开关型号选用不正确 (2)触头角度装配不正确 (3)触头失去弹性或接触不良	(1)更换开关 (2)重新装配 (3)更换触头或清除氧化层或尘污
3	接线柱间短路	因铁屑或油污附在接线柱间,形成导电层,将胶木烧焦,绝缘损坏而形成短路	更换开关

第三部分 技能训练

训练内容：检验型号为 HZ10—10 的组合开关。

1. 任务描述

根据表 1-8 送检单，依据相关标准拟制检验工艺文件，对实物进行检验并判定实物是否合格。

2. 实训内容及操作步骤

（1）用搜索引擎搜索"标准技术网"查找相关标准；

（2）根据技术标准拟制组合开关检验工艺文件；

（3）按拟制的工艺卡片的检验项目对型号为 HZ10—10 的组合开关进行检验。

第四部分　总结提高

(1) 认真总结学习过程，提交组合开关的检验工艺文件。

(2) 根据本任务所掌握的知识和技能回答下列问题。

① 什么是组合开关？

② 如何选用组合开关？

任务三　检验自动开关

任务单：自动开关送检单（表1-11）

××××有限公司

表1-11　供应物资流转凭证

仓库名称	□配套库		□化工库						
供货厂家	××××有限公司		凭证编号						
物资名称	自动开关		规格型号		DZ30—32				
送检日期			入库日期						
计量单位	只	送检数量			入库数量				

采购员：　　　　　　检验员：　　　　　　审核：　　　　　　保管员：

第一部分　目的与要求

1. 知识目标

掌握自动开关的结构、动作原理、主要参数、图形符号、文字符号等。

2. 技能目标

学习检验文件的拟制，掌握自动开关的选择、安装与检验。

3. 需要准备的设备、工具与器材（表1-12）

表1-12　任务所需设备、工具与器材

名　称	型号或规格	数　量
电器安装板	通用电器安装板(含紧固件)	1套
自动开关	DZ30—32	1个
常用工具	带绝缘柄的钢丝钳、绝缘垫、螺钉旋具	1套
游标卡尺	SF2000	1个
万用表	MF47型或其他	1个
综合安全性能测试仪	安全性能综合测试系统 AN9640STS	1个

第二部分　知识链接

1. 自动开关

自动开关又称低压断路器，相当于刀开关、熔断器、热继电器和欠电压继电器的组合，集控制和多重保护功能于一身，除能完成接通知和分断电路外，还能对电路或电器设备发生的短路、过载、失电压等故障进行保护。

用于电动机和其他用电设备的电路中，在正常情况下，自动开关可以接通和分断工作电流；当电路发生过载、短路、失压等故障时，它能自动切断故障电路，有效地保护串接于它后面的电器设备；还可用于不频繁地接通、分断负荷的电路，控制电动机的运行和停止。它的动作参数可以根据用电的设备的要求人为调整，使用方便、可靠。

　　1）自动开关的分类、结构及动作原理

　　按照灭弧介质自动开关可分为油浸式断路器、空气断路器、真空断路器三类。由于油浸式断路器已被淘汰、而真空断路器价格太贵，现在应用最广的是空气断路器。通常断路器根据其结构不同，可分为装置式（塑料外壳式）和万能式（框架式）两类。

　　装置式断路器的特点是它的触头系统、灭弧室、操作机构及脱扣器等元件均装在一个塑料外壳内，结构简单紧凑，防护性能好，可独立安装。装置式自动开关通常为非选择式的，宜作配电去路负载端开关或电动机保护用开关。

　　万能式断路器敞开装在框架上。由于可以选择多种保护方案和操作方式，故又称万能断路器。它的特点是所有部件都装有一个钢制框架内（小容量的也有用塑料底板），其部件包括触头系统、灭弧室、操作机构、各种脱扣器和辅助开关等。它可装设较多的附件，有较多的结构变化，较高的分断能力，也有较高的动力稳定性能，同时又可以实现延时短路分断。

　　目前我国生产的断路器有 DW10、DW15、DW16 系列万能式断路器和 DZ10、DZ12、DZ15、DZ20、DZ30 等系列塑壳式断路器。

　　自动开关的型号及含义如图 1-11 所示。

　　下面介绍装置式自动开关的结构及动作原理。如图 1-12 所示为自动开关的实物图及原理图。

　　（1）装置式断路器的结构

　　装置式断路器又称塑料外壳式（简称塑壳式）断

□□-□□□

辅助机构代号
脱扣器代号
极数
壳架等级额定电流
设计序号
DW—万能式
DZ—塑壳式

图 1-11　自动开关的型号及含义

路器或塑壳式低压断路器。一般用做配电线路的保护开关，电动机及照明电路的控制开关等。其主要部分由触点系统、灭弧装置、自动与手动操作机构、脱扣器、外壳组成。

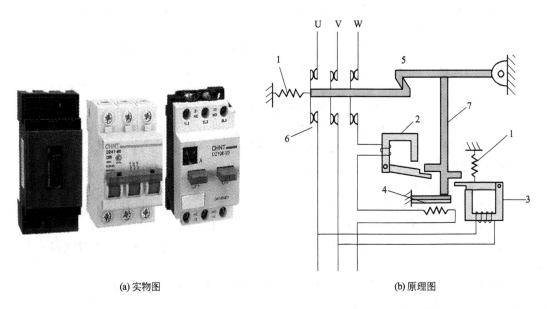

(a) 实物图　　　　　　　　　　　　　　(b) 原理图

图 1-12　自动开关的实物图及原理图

1—弹簧；2—过电流脱扣器；3—欠电压脱扣器；4—过热脱扣器；5—搭钩；6—触点；7—顶杆

　　主要保护装置，包括电磁脱扣器（用做短路保护）、热脱扣器（用做过载保护）、失电压脱扣器等。

　　触点系统和灭弧装置：用于接通和分断主电路，为了加强灭弧能力，在主触点处装有灭弧装置。

脱扣器是断路器的感测元件，当电路出现故障时，脱扣器收到信号后，经脱扣机构动作，使触点分断。

脱扣机构和操作机构是断路器的机械传动部件，当脱扣结构接收到信号后由断路器切断电路。

（2）装置式断路器的动作原理

从原理图可看出，在正常情况下，断路器的主触点是通过操作机构手动或电动合闸的。主触点闭合后，自由脱扣器机构将主触点锁在合闸位置上，电路接通正常工作。若要正常切断电路时，应操作分励脱扣器，使自由脱扣机构动作，并自动脱扣。主触点断开，分断电路。

断路器的过电流脱扣器的线圈和热脱扣器的热元件与主电路串联，失电压脱扣器的线圈与电路并联。当电路发生短路或严重过载时，过电流脱扣器的衔铁被吸合，使自由脱扣机构动作。当电路发生过载时，热脱扣器的热元件产生的热量增加，温度上升，使双金属片向上弯曲变形，从而推动自由脱扣机构动作。当电路出现失压时，失电压脱扣器的衔铁释放，也使自由脱扣机构动作。自由脱扣机构动作时，断路器自由脱扣，使开关自动跳闸，主触点断开，分断电路，达到非正常工作情况下保护电路和电气设备的目的。

2）自动开关的主要技术参数

自动开关的主要技术参数有额定电压、额定电流、级数、脱扣器整定电流、主触电与辅助触点的分断能力和动作时间等。

3）自动开关的选用原则

（1）根据电气装置的要求确定断路器的类型。

（2）根据对线路的保护要求确定断路器的保护形式。

（3）低压断路器的额定电压和额定电流应大于或等于线路、设备的正常工作电压和工作电流。

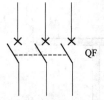

（4）低压断路器的极限通断能力大于或等于电路最大短路电流。

（5）欠电压脱扣器的额定电压等于线路的额定电压。

（6）过电流脱扣器的额定电流大于或等于线路的最大负载电流。

4）自动开关的图形符号及文字符号

自动开关的图形及文字符号如图 1-13 所示。

图 1-13　自动开关的图形及文字符号

2. 自动开关的故障诊断与检修

1）自动开关的使用与维护

（1）自动开关的使用

安装前的检查内容包括以下几项。

① 外观检查：检查自动开关外观有无损坏，紧固件有无松动，可动部分是否活动灵活。

② 技术指标检查：检查自动开关工作电压、电流、脱扣器电流整定值等参数是否符合要求。

③ 绝缘电阻检查：安装前先检查自动开关相与相、相与地之间的绝缘电阻，在室温下应不小于 10MΩ，否则自动开关应烘干。

④ 清除灰尘和污垢，擦净极面的防锈油脂。

安装时的注意事项有以下几项。

① 自动开关底板应垂直于水平面，固定后，自动开关应平整，不应有附加机械应力。凡设有接地螺钉的产品，均应可靠接地。

② 电源进线应接在自动开关的上母线上，而接往负载的出线则应接在下母线上。

③ 安装时应考虑飞弧的距离，并注意到在灭弧室上方接近飞弧距离处不跨接母线。有时还要求在进线端的各相间加装隔弧板。

④ 自动开关作电源总开关或电动机控制开关时，在电源进线侧必须加装刀开关或熔断器等，以形成明显的断开点。

（2）自动开关的维护

在自动开关运行期间，应定期进行全面的维护与检修，主要内容如下。

① 每隔一定的时间（一般为半年），应进行除尘处理。操作机构在使用一段时间后（1～2 年），在传动机构部分应加润滑油，小容量塑壳式断路器不需要。

② 定期检查灭弧室配件，进行有效的维护。

③ 自动开关的触头在长期使用后或分断短路电流后，应及时检查触头并进行维护。

④ 定期检查各脱扣器的电流整定值和延时，定期用试验按钮检查其动作情况。

2）自动开关的常见故障及处理

自动开关的常见故障与处理方法见表 1-13。

表 1-13　自动开关的常见故障与处理

序号	故障现象	产生原因	处理方法
1	手动操作自动开关,触头不能闭合	(1)失电压脱扣器无电压或线圈烧坏 (2)储能弹簧变形,导致闭合力减小 (3)机构不能复位再扣 (4)反作用弹簧力过大	(1)如电压正常则更换线圈 (2)作更换储能弹簧处理 (3)调整再扣面至规定值 (4)重新调整弹簧压力
2	电动操作开关,触头不能闭合	(1)操作电源电压不符 (2)电源容量不够 (3)电磁铁拉杆行程不够 (4)电动机操作定位开关失灵	(1)调整电源 (2)增加操作电源容量 (3)重新调整或更换拉杆 (4)重新调整开关
3	有一副开关不能闭合	低压断路器一相连杆断裂	更换连杆
4	分励脱扣器不能使自动开关分断	(1)线圈断路 (2)电源电压太低 (3)分励脱扣器再扣接触面太大 (4)螺钉松脱	(1)更换线圈 (2)检查电源电压并处理 (3)重新调整 (4)拧紧螺钉
5	失压脱扣器不能使自动开关分断	(1)反力弹簧反力变小 (2)机构卡住	(1)调整弹簧反力 (2)消除卡住原因
6	启动电动机时自动开关立即分断	过电流脱扣器瞬时整定值太小	调整过电流脱扣器瞬时整定弹簧
7	自动开关闭合后,工作一段时间后又分断	(1)整定电流调整不准确 (2)热元件或半导体延时电路元件变值	(1)将热脱扣器或电磁脱扣器的整定电流调大一些 (2)调整或更换元件
8	失压脱扣器噪声大	(1)反力弹簧力太大 (2)铁芯工作表面有油污 (3)短路环断裂	(1)重新调整 (2)清除极面油污 (3)短路环断裂
9	自动开关温升过高	(1)触头压力太低 (2)触头磨损严重或接触不良 (3)导电零件连接处螺钉松动	(1)调整触头压力或更换不合格弹簧 (2)更换或修理触头,触头不能更换的应整台更换
10	辅助触头不通电	(1)辅助开关的动触桥卡死或脱落 (2)辅助开关传动杆断裂或滚轮脱落	(1)拨正或重新装好触桥 (2)更换传动杆和滚轮或整个辅助开关

第三部分　技能训练

训练内容：检验型号为 DZ30—32 的自动开关。

1. 任务描述

根据表 1-11 送检单，依据相关标准拟制检验工艺文件，对实物进行检验并判定实物是否合格。

2. 实训内容及操作步骤

(1) 用搜索引擎搜索"标准技术网"查找相关标准；

(2) 根据技术标准拟制自动开关检验工艺文件；

(3) 按拟制的工艺卡片的检验项目对型号为 DZ30—32 的自动开关进行检验。

第四部分　总结提高

(1) 认真总结学习过程，提交自动开关的检验工艺文件。

(2) 根据本任务所掌握的知识和技能回答下列问题。

① 试简述自动空气开关的动作原理。

② 自动开关在电路中起什么作用？

任务四　检验漏电保护器

任务单：漏电保护器送检单（表 1-14）

××××有限公司

表 1-14　供应物资流转凭证

仓库名称	□配套库		□化工库						
供货厂家	××××有限公司		凭证编号						
物资名称	漏电保护器		规格型号			DZ15L—40			
送检日期			入库日期						
计量单位	只	送检数量				入库数量			

采购员：　　　　检验员：　　　　审核：　　　　保管员：

第一部分　目的与要求

1. 知识目标

掌握漏电保护器的结构、动作原理、主要参数、图形符号、文字符号等。

2. 技能目标

学习检验文件的拟制，掌握漏电保护器的检验。

3. 需要准备的设备、工具与器材（表 1-15）

表 1-15　任务所需设备、工具与器材

名　称	型号或规格	数　量
电器安装板	通用电器安装板(含紧固件)	1 套
漏电保护器	DZ15L—40	1 个
常用工具	带绝缘柄的钢丝钳、绝缘垫、螺钉旋具	1 套
游标卡尺	SF2000	1 个
万用表	MF47 型或其他	1 个
综合安全性能测试仪	安全性能综合测试系统 AN9640STS	1 个

第二部分 知识链接

1. 漏电保护器

漏电保护器又称漏电保护自动开关或漏电保安器。当发生人身触电或漏电时，能迅速切断电源，保障人身安全，防止触电事故发生。有的漏电保护器还兼有过载、短路保护，用于不频繁启停的电动机。

1）漏电保护器的结构及工作原理

（1）漏电保护器的结构

漏电保护器一般主要由感测元件、放大器、鉴幅器、出口电路、试验装置和电源组成。漏电保护器有单相和三相之分，如图 1-14 所示为单相漏电保护器，电路就画在其面板上。

（2）漏电保护器的工作原理

如图 1-15 所示为电磁式电流型漏电开关的工作原理图。

当正常工作时，不论三相负载是否平衡，通过零序电流互感器主电路的三相电流相量之和等于零，故其二次绕组中无感应电动势产生，漏电保护器工作处于闭合状态。

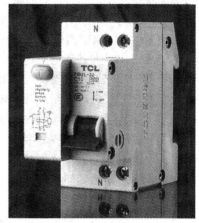

图 1-14 单相漏电保护器

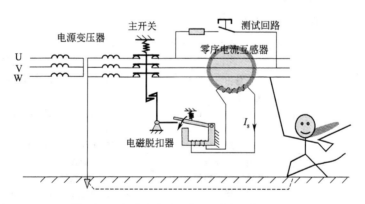

图 1-15 电磁式电流型漏电开关工作原理图

如果发生漏电或触电事故，三相电流之和便不再为零，这样零序电流互感器二次侧产生与 I_s 对应的感应电动势，加到脱扣器上，当 I_s 达到一定值时，脱扣器动作，推动主开关的锁扣，分断主电路，从而达到防止漏电或触电事故的目的。

2）常用的漏电保护器

常用漏电保护器有 DZ15L—40、DZ5—20L、DZ47 等系列。其型号及含义如图 1-16 所示。

3）漏电保护器的主要技术参数

漏电保护器的主要技术参数包括额定漏电动作电流、额定漏电动作时间、额定漏电不动作电流，其他参数还有电源频率、额定电压、额定电流等。

图 1-16 漏电保护器
的型号及含义

① 额定漏电动作电流。在规定的条件下，使漏电保护器动作的电流值。例如 30mA 的漏电保护器，当通入电流值达到 30mA 时，保护器即动作断开电源。

② 额定漏电动作时间，是指从突然施加额定漏电动作电流起，到保护电路被切断为止

的时间。例如 30mA×0.1s 的漏电保护器，从电流值达到 30mA 起，到主触头分离止的时间不超过 0.1s。

③ 额定漏电不动作电流。在规定的条件下，漏电保护器不动作的电流值，一般应选漏电动作电流值的 1/2。例如漏电动作电流 30mA 的漏电保护器，在电流值达到 15mA 以下时，漏电保护器不动作，否则因灵敏度太高容易误动作，影响用电设备的正常运行。

在选用漏电保护器时，电源频率、额定电压、额定电流等参数应与所使用的线路和用电设备相适应。漏电保护器的工作电压要适应电网正常波动范围，若波动太大，会影响漏电保护器的正常工作，尤其是电子产品，电源电压低于漏电保护器的额定工作电压时会拒动作。漏电保护器的额定工作电流，也要和电路中的实际电流一致，若实际工作电流大于漏电保护器的额定电流时，造成过载和使漏电保护器误动作。

2. 漏电保护器的故障诊断与检修

1）漏电保护器的使用与维护

(1) 电源采用漏电保护器做分级保护时，应满足上、下级开关动作的选择性。

(2) 在使用中要按照使用说明书的要求使用漏电保护器，并按规定每月检查一次，即操作漏电保护器的试验按钮，检查是否能正常断开电源。

(3) 漏电保护器在使用中发生跳闸，经检查未发现开关动作原因时，允许试送电一次，如果再次跳闸，应查明原因，找出故障，不得连续强行送电。

(4) 漏电保护器一旦损坏不能使用时，应立即请专业电工进行检查或更换。

2）漏电保护器的常见故障及处理

漏电保护器的常见故障与处理方法见表 1-16。

表 1-16　漏电保护器的常见故障与处理

序号	故障现象	产生原因	处理方法
1	拒动作	(1)漏电动作电流选择不当 (2)接线错误 (3)漏电保护器的设置位置不当 (4)操作机构卡住 (5)继电器触点烧结	(1)正确选用漏电保护器或适当调节整定值 (2)正确接线 (3)调整漏电保护器的位置 (4)排除卡住故障,修理受损部件 (5)排除熔焊故障,修理或更换触头
2	误动作	(1)漏电保护器选型不合理 (2)漏电保护器接线错误 (3)电磁干扰 (4)环流影响	(1)正确选型 (2)正确接线 (3)尽量缩短联接线,并绞合在一起穿入铁管,或采用屏蔽线,再将屏蔽部分进行接地 (4)将负载分成两组,由两条支路分别供电,尽量避免两台漏电保护器并联运行
3	漏电保护器不能闭合	(1)操作机构卡住 (2)机构不能复位再扣 (3)漏电脱扣器不能复位	(1)重新调整操作机构 (2)调整再扣部分 (3)重新调整漏电脱扣器
4	漏电保护器不能带电投入	(1)线路严重漏电 (2)漏电动作值调整过小	(1)查明漏电原因,并排除线路漏电故障 (2)适当调大一挡额定漏电动作值

第三部分　技能训练

训练内容：检验型号为 DZ15L—40 的漏电保护器。

1. 任务描述

根据表 1-14 送检单，依据相关标准拟制检验工艺文件，对实物进行检验并判定实物是否合格。

2. 实训内容及操作步骤

（1）用搜索引擎搜索"标准技术网"查找相关标准；

（2）根据技术标准拟制自动开关检验工艺文件；

（3）按拟制的工艺卡片的检验项目对型号为 DZ15L—40 的漏电保护器进行检验。

第四部分　总结提高

（1）认真总结学习过程，提交自动开关的检验工艺文件。

（2）根据本任务所掌握的知识和技能回答下列问题。

① 什么是漏电保护器？

② 如何选用漏电保护器？

模块二　主令电器的检验

任务一　检验按钮

任务单：按钮送检单（表 1-17）

××××有限公司

表 1-17　供应物资流转凭证

仓库名称	□配套库		□化工库					
供货厂家	××××有限公司		凭证编号					
物资名称	按钮		规格型号	LA20—11Y/2				
送检日期			入库日期					
计量单位	只	送检数量			入库数量			

采购员：　　　　　检验员：　　　　　审核：　　　　　保管员：

第一部分　目的与要求

1. 知识目标

① 熟悉主令电器的概念、分类；

② 掌握按钮的作用、分类、型号、应用场合、主要参数、图形符号、文字符号等。

2. 技能目标

掌握按钮的检验。

3. 需要准备的设备、工具与器材（表 1-18）

表 1-18　任务所需设备、工具与器材

名　　称	型号或规格	数　量
电器安装板	通用电器安装板（含紧固件）	1套
按钮	LA20—11Y/2	1个
常用工具	带绝缘柄的钢丝钳、绝缘垫、螺钉旋具	1套

名　　　称	型 号 或 规 格	数　量
游标卡尺	SF2000	1个
万用表	MF47 型或其他	1个
综合安全性能测试仪	安全性能综合测试系统 AN9640STS	1个

第二部分　知识链接

　　主令电器是指在电气自动控制系统中用来发出信号指令的电器。它的信号指令将通过继电器、接触器和其他电器的动作，接通和分断被控制电路，以实现对电动机和其他生产机械的远距离控制。常用的主令电器有按钮、行程开关、接近开关、万能转换开关、主令控制器等。

1. 按钮

　　按钮又称控制按钮或按钮开关，是一种手动控制电器。它只能短时接通或分断 5A 以下的小电流电路，向其他电器发出指令的电信号，控制其他电器动作。

　　1）按钮的结构和工作原理

　　按钮由按钮帽、复位弹簧、桥式动、静触头和接线柱等组成，一般为复合式，即同时具有常开、常闭触头。按下时常闭触头先断开，然后常开触头闭全，去掉外力后在复位弹簧的作用下，常开触头断开，常闭触头复位，其结构及外形如图 1-17 所示。

（a）外形　　　　　　　　　　　　　　　　(b)结构

图 1-17　按钮的结构及外形图
1—接线柱；2—按钮帽；3—复位弹簧；4—动触头；5—静触头

　　2）按钮的分类

　　按钮有单式（1个按钮）、双式（2个按钮）和三联式（3个按钮）的形式。为便于识别各个按钮的作用，避免误操作，通常在按钮上做出不同标志或涂以不同的颜色，以示区别。一般红色表示停止，绿色表示启动。另外，为了满足不同控制和操作的需要，控制按钮的结构形式也有所不同，如钥匙式、旋钮式、紧急式、掀钮式等。若将按钮的触点封闭于防爆装置中，还可构成防爆型按钮，适用于有爆炸危险、有轻微腐蚀性气体或蒸气的环境以及雨、雪和滴水的场合。随着计算机技术的发展，按钮又派生出用于计算机系统的弱电按钮新产品，如 SJL 系列弱电按钮，其具有体积小、操作灵活的特点。

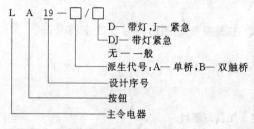

图 1-18　按钮的型号及含义

　　常用产品有 LA18、LA19、LA20、LA25 系列。

按钮的型号及含义如图 1-18 所示。

3）按钮的主要技术参数和选择

按钮的主要参数是触点对数。选择按钮一般考虑触点对数、动作要求、有否带指示灯、颜色和使用场合。

一般用红色表示停止和急停；用绿色表示启动；用黑色表示点动；用蓝色表示复位；另外还有黄、白等颜色的按钮，供不同场合使用。

4）按钮的图形及文字符号

按钮的图形及文字符号如图 1-19 所示。

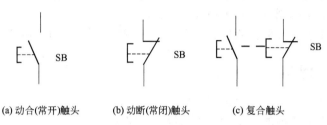

(a) 动合(常开)触头　　　(b) 动断(常闭)触头　　　(c) 复合触头

图 1-19　按钮的图形及文字符号

2. 按钮的故障诊断与检修

按钮的使用与维护应注意以下几点。

（1）按钮安装在面板上时，应布置整齐，排列合理，如根据电动机启动的先后顺序，从上到下或从左向右排列。

（2）同一机床运动部件有几种不同的工作状态时（如上、下、前、后、左、右、松、紧等），应使每一对相反状态的按钮安装在一组。

（3）按钮由于多年的使用或密封不好，使用时应保持触头的清洁。

（4）按钮用于高温场合，易使塑料变形老化，导致按钮松动，引起接线螺钉间相碰短路，可视情况在安装时多加一个垫圈，两个拼凑使用；也可在接线螺钉处加绝缘塑料套管来防止。

（5）带指示灯的按钮由于灯泡要发热，时间长时易使塑料灯罩变形造成更换灯泡困难，故不宜在通电时间较长之处使用，如要使用，可适当降低灯泡电压，延长使用寿命。

按钮的常见故障与处理方法见表 1-19。

表 1-19　按钮的常见故障与处理

序号	故障现象	产生原因	处理方法
1	按启动按钮时有麻的感觉	(1)按钮帽的缝隙钻进了金属粉末或铁屑等 (2)按钮防护金属外壳与连接导线接触	(1)清扫按钮，给按钮罩一层塑料薄膜 (2)清扫按钮
2	停止按钮失灵，不能断开电路	(1)接线错误 (2)接线松动或搭接在一起 (3)铁屑、金属末或油污短接了动断触头 (4)按钮盒胶木烧焦炭化	(1)更改接线 (2)检查停止按钮处的连接线 (3)清扫触头 (4)更换按钮
3	按停止按钮后，再按启动按钮，被控制电器不动作	(1)被控电器有故障 (2)停止按钮的复位弹簧损坏 (3)启动按钮动合触头氧化、接触不良	(1)检查被控电器 (2)调换复位弹簧 (3)清扫、打磨动静触头
4	按钮过热	(1)通过按钮的电流太大 (2)环境温度过高 (3)指示灯电压过高	(1)重新设计电喷 (2)加强散热措施 (3)降低指示灯电压

第三部分　技能训练

训练内容：检验型号为 LA20—11Y/2 的按钮。

1. 任务描述

根据表 1-17 的送检单，依据相关标准拟制检验工艺文件，对实物进行检验并判定实物是否合格。

2. 实训内容及操作步骤

（1）用搜索引擎搜索"标准技术网"查找相关标准；

（2）根据技术标准拟制自动开关检验工艺文件；

（3）按拟制的工艺卡片的检验项目对型号为 LA20—11Y/2 的按钮进行检验。

第四部分　总结提高

（1）认真总结学习过程，提交按钮的检验工艺文件。

（2）根据本任务所掌握的知识和技能回答下列问题。

① 什么是主令电器？

② 如何选用按钮？

③ 不同颜色的按钮分别应用在何处？

④ 选一个按钮进行拆卸，认识内部主要零部件，测量并填写表 1-20。

表 1-20　按钮的拆卸与测量记录表

型号			主要零部件	
			名称	作用
触点数				
常开触点		常闭触点		
触点电阻				
常开触点		常闭触点		
动作前	动作后	动作前	动作后	

任务二　检验行程开关

任务单：行程开关送检单（表 1-21）

××××有限公司
表 1-21　供应物资流转凭证

仓库名称	□配套库		□化工库					
供货厂家	××××有限公司		凭证编号					
物资名称	行程开关		规格型号		LX19—212			
送检日期			入库日期					
计量单位	只	送检数量			入库数量			

采购员：　　　　　检验员：　　　　　审核：　　　　　保管员：

第一部分 目的与要求

1. 知识目标

① 熟悉行程开关的概念、分类；

② 掌握行程开关的结构、动作原理、主要参数、图形符号、文字符号等。

2. 技能目标

掌握行程开关的选择、安装与检验。

3. 需要准备的设备、工具与器材（表 1-22）

表 1-22 任务所需设备、工具与器材

名 称	型 号 或 规 格	数 量
电器安装板	通用电器安装板（含紧固件）	1 套
行程开关	LX19—212	1 个
常用工具	带绝缘柄的钢丝钳、绝缘垫、螺钉旋具	1 套
游标卡尺	SF2000	1 个
万用表	MF47 型或其他	1 个
综合安全性能测试仪	安全性能综合测试系统 AN9640STS	1 个

第二部分 知识链接

1. 行程开关

行程开关又称限位开关或位置开关，它利用生产机械运动部件的碰撞、使其内部触点动作，分段或切断电路，从而控制生产机械的行程、位置或改变其运动状态。

1）行程开关的结构及分类

为适应生产机械对行程开关的碰撞，行程开关有不同的结构形式，常用碰撞部分有直动式（按钮式）和滚动式（旋转式）。其中滚动式又有单滚轮式和双滚轮式两种。

行程开关是由操作机构、触点系统和外壳等部分组成。其外形图及结构图如图 1-20 所示。当生产机械撞块碰触各程开关滚轮时，使传动杠杆和转轴一起转动，转轴上的凸轮推动推杆使微动开关动作，接通动合触点，分断动断触点，指令生产机械停车、反转或变速。对于单滚轮自动复位的行程开关，只要生产机械撞块离开滚轮后，复位弹簧能将已动作的部分恢复到动作前的位置，为下一次动作做好准备；有双滚轮的行程开关在生产机械碰撞第一只滚轮时，内部微动开关动作，发出信号指令，但生产机械撞块离开滚轮后不能自动复位，必须在生产机械碰撞第二个滚轮时方能复位。

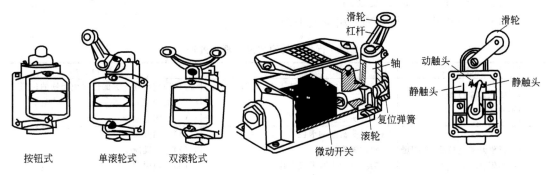

按钮式　　单滚轮式　　双滚轮式

(a) 常用行程开关的外形　　(b) JLXK—11 型行程开关的结构图

图 1-20　行程开关外形图及结构图

2）行程开关的选择

在选择行程开关时，应根据被控制电路的特点、要求、生产现场条件和触点数量等因素进行考虑。

常用的行程开关有 LX19、LX31、LX32、JLXK1 等系列产品。

常用行程开关的型号及含义如图 1-21 所示。

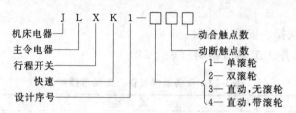

图 1-21　行程开关的型号及含义

3）行程开关的主要技术参数

行程开关的主要技术参数有额定电流、额定电压、触点换接时间、动作角度或工作行程、触点数量、结构形式和操作频率等。

4）行程开关的图形及文字符号

行程开关的图形及文字符号如图 1-22 所示。

(a)常开触头　　　　　(b)常闭触头　　　　　(c)复式触头

图 1-22　行程开关的图形及文字符号

2. 行程开关的故障诊断与检修

1）行程开关的使用与维护

（1）安装时，行程开关的位置要准确、牢固。滚轮的方向不能装反，挡铁对其碰撞的位置应符合控制线路的要求。

（2）在运行时，应定期检查和保养。

2）行程开关的常见故障及处理

行程开关的常见故障与处理方法见表 1-23。

表 1-23　行程开关的常见故障与处理

序号	故障现象	产生原因	处理方法
1	挡铁碰撞行程开关，触头不动作	(1)行程开关位置安装不对，离挡铁太远 (2)触头接触不良 (3)触头连接线脱落	(1)调整行程开关的位置或挡铁的位置 (2)清洗触头 (3)坚固连接线
2	行程开关复位后，常闭触头不闭合	(1)触头被杂物卡住 (2)动触头脱落 (3)弹簧弹力减退或卡住 (4)触头偏斜	(1)清扫开关 (2)装配动触头 (3)更换弹簧 (4)调整触头
3	杠杆已偏转，触头不动作	(1)行程开关的位置太低 (2)行程开关内机械卡住	(1)行程开关调高 (2)清扫开关

第三部分 技能训练

训练内容：检验型号为 LX19—212 的行程开关。

1. 任务描述

根据表 1-21 送检单，依据相关标准拟制检验工艺文件，对实物进行检验并判定实物是否合格。

2. 实训内容及操作步骤

① 用搜索引擎搜索"标准技术网"查找相关标准；

② 根据技术标准拟制行程开关检验工艺文件；

③ 按拟制的工艺卡片的检验项目对型号为 LX19—212 的行程开关进行检验。

第四部分 总结提高

（1）认真总结学习过程，提交行程开关的检验工艺文件。

（2）根据本任务所掌握的知识和技能回答下列问题。

① 什么是行程开关？

② 如何选用行程开关？

任务三 检验万能转换开关

任务单：万能转换开关送检单（表 1-24）

××××有限公司

表 1-24 供应物资流转凭证

仓库名称	□配套库			□化工库							
供货厂家	××××有限公司		凭证编号								
物资名称	万能转换开关		规格型号			LW5—16 YH3/3						
送检日期			入库日期								
计量单位	只		送检数量				入库数量					

采购员：　　　　　　检验员：　　　　　　审核：　　　　　　保管员：

第一部分 目的与要求

1. 知识目标

掌握万能转换开关的结构、动作原理、主要参数、图形符号、文字符号等。

2. 技能目标

掌握万能转换开关的选择、安装与检验。

3. 需要准备的设备、工具与器材（表 1-25）

表 1-25 任务所需设备、工具与器材

名　称	型号或规格	数　量
电器安装板	通用电器安装板（含紧固件）	1 套
万能转换开关	LW5—16 YH3/3	1 个
常用工具	带绝缘柄的钢丝钳、绝缘垫、螺钉旋具	1 套
游标卡尺	SF2000	1 个
万用表	MF47 型或其他	1 个
综合安全性能测试仪	安全性能综合测试系统 AN9640STS	1 个

第二部分　知识链接

1. 万能转换开关

万能转换开关是具有更多操作位置和触点、能够接多个电路的一种手动控制电器。由于它的挡位多、触点多，可控制多个电路，能适应复杂线路的要求，故有"万能"之称。

1）万能转换开关的结构

万能转换开关的外形及结构如图 1-23 所示。是由多层凸轮及与之对应的触点底座叠装而成。每层触点底座内有与凸轮配合的一对或三对触点。操作时，手柄带动转轴与凸轮同步转动，凸轮的转动即可驱动触点系统的分断与闭合，从而实现被控制电路的分断与接通。须注意的是，由于凸轮开关的不同，手柄位于同一位置时，有的触点闭合，有的则处于分断。

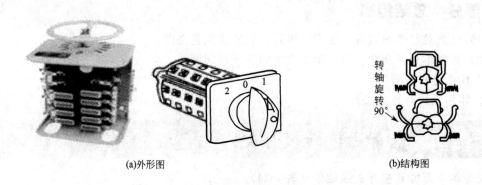

(a)外形图　　　　　　　　　　　　(b)结构图

图 1-23　万能转换开关外形图及结构图

2）万能转换开关的主要技术参数及型号含义

万能转换开关的主要技术参数额定电流、额定电压、手柄形式、触点座数、触点对数、触点座排列形式、定位特征代号、手柄定位角度等。

万能转换开关的型号及含义如图 1-24 所示。

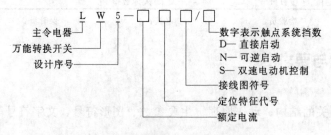

图 1-24　万能转换开关的型号及含义

3）万能转换开关的图形符号及文字符号

万能转换开关的图形符号及通断表如图 1-25 所示。它有 8 对触点，2 个操作位置。各层触点在不同位置时的开、合情况如图 1-25（b）所列。"—○ ○—"代表一路触点，第一竖点线则表示手柄位置，在某一位置该电路接通，即用下方的黑点表示。在触点通断表中，在 I 或 II 位置，凡打有"×"的表示两个触点接通。

2. 万能转换开关的故障诊断与检修

1）万能转换开关的使用与维护

（1）万能转换开关一般应水平安装在屏板上，但也可以倾斜或垂直安装。安装位置应与

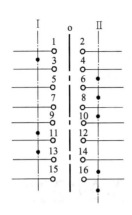

触点标号	I	o	II
1—2	×		
3—4			×
5—6			×
7—8			×
9—10	×		
11—12	×		
13—14			×
15—16			×

(a) 图形符号 　　　　　　(b) 触点通断表

图 1-25　万能转换开关的图形符号及触点通断表

其他电器元件或机床的金属部件有一定的间隙，以免在通断过程中因电弧喷出而发生对地短路故障。

（2）万能转换开关的通断能力不高。若用于控制电动机的正反转，则只能在电动机停止后才能反向启动。

（3）万能转换开关本身不带保护，使用时必须与其他电器配合。

2）万能转换开关的常见故障及处理

万能转换开关的常见故障与处理方法见表 1-26。

表 1-26　万能转换开关的常见故障与处理

序号	故障现象	产生原因	处理方法
1	万能转换开关卡住	越位转动开关手柄，使开关定位装置损坏，开关卡住	拆开查看定位销是否断裂、错位，如断裂，更换定位销；如错位，重新调整
2	外部连接点放电、烧蚀或断路	(1)开关固定螺钉松动 (2)旋转操作次数过于频繁 (3)导线压接处松动	(1)紧固螺钉 (2)适当减少操作次数 (3)处理导线接头，压紧螺钉
3	内部触头起弧烧蚀	(1)开关内动、静触头接触不良 (2)负载过大	(1)调整动、静触头，修整触头表面 (2)减轻负载或更换容量大一级的开关
4	接点位置改变、控制失灵	开关内部转轴上的弹簧松软或断裂	更换弹簧

第三部分　技能训练

训练内容：检验型号为 LW5—16 YH3/3 的万能转换开关。

1. 任务描述

根据表 1-24 送检单，依据相关标准拟制检验工艺文件，对实物进行检验并判定实物是否合格。

2. 实训内容及操作步骤

① 用搜索引擎搜索"标准技术网"查找相关标准；

② 根据技术标准拟制万能转换开关的检验工艺文件；

③ 按拟制的工艺卡片的检验项目对型号为 LW5—16 YH3/3 的万能转换开关进行检验。

第四部分　总结提高

(1) 认真总结学习过程，提交按钮的检验工艺文件。

(2) 根据本任务所掌握的知识和技能回答下列问题。

① 什么是万能转换开关？

② 行程开关、万能转换开关在电路中各起什么作用？

模块三　接触器的检验

任务　检验接触器

任务单：接触器送检单（表1-27）

×××× 有限公司

表 1-27　供应物资流转凭证

仓库名称	□配套库		□化工库					
供货厂家	×××× 有限公司	凭证编号						
物资名称	接触器	规格型号	CJ20—16					
送检日期		入库日期						
计量单位	只	送检数量		入库数量				

采购员：　　　　　检验员：　　　　　审核：　　　　　保管员：

第一部分　目的与要求

1. 知识目标

掌握接触器结构、作用、分类、型号、应用场合、主要参数、图形符号、文字符号、工作原理等。

2. 技能目标

掌握接触器的选择、安装与检验。

3. 需要准备的设备、工具与器材（见表1-28）

表 1-28　任务所需设备、工具与器材

名　称	型号或规格	数　量
电器安装板	通用电器安装板（含紧固件）	1套
接触器	CJ20—16	1个
常用工具	带绝缘柄的钢丝钳、绝缘垫、螺钉旋具	1套
游标卡尺	SF2000	1个
万用表	MF47型或其他	1个
综合安全性能测试仪	安全性能综合测试系统 AN9640STS	1个

第二部分 知识链接

1. 接触器

接触器是一种用来频繁接通和断开交、直流主电路及大容量控制电路的自动切换电器。接触器具有低压释放保护功能，可进行频繁操作，实现远距离控制，是电力拖动自动控制线路中使用最广泛的电器元件。因接触器不具备短路保护作用，常和熔断器、热继电器等保护电器配合使用。

1）接触器的结构

接触器的主要部分是电磁机构、触头系统和灭弧装置，其外形和结构如图1-26所示。交、直流接触器结构基本相同。

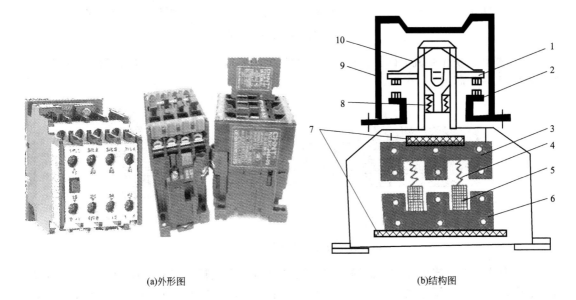

(a)外形图　　　　　　　　　　(b)结构图

图 1-26 接触器的外形图及结构图

1—动触头；2—静触头；3—衔铁；4—弹簧；5—线圈；6—铁芯；
7—垫毡；8—触头弹簧；9—灭弧罩；10—触头压力弹簧

（1）电磁机构

电磁机构是电器元件的感受部件，通常采用电磁铁的形式。

① 电磁铁原理。电磁铁有各种结构形式。是靠电磁力带动触电闭合或断开。电磁铁组成如图1-27所示，电磁线圈通电时产生磁场，使得动、静铁芯磁化并互相吸引，当动铁芯被吸引向静铁芯时，与动铁芯相连的动触点也被拉向静触点，令其闭合，接通电路。电磁线圈断电后，磁场消失，动铁芯在复位弹簧作用下，回到原位，并牵动、静触点，分断电路。

② 电磁铁结构形式。电磁铁有各种结构形式。铁芯有E形、U形。动作方式有直动式、转动时。它们各有不同的机电性能，适用于不同的

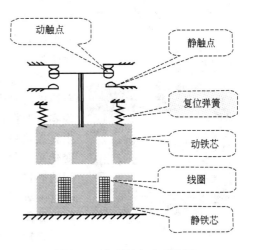

图 1-27 电磁铁组成示意图

场合。如图 1-28 所示为几种常见电磁铁芯的结构形式。

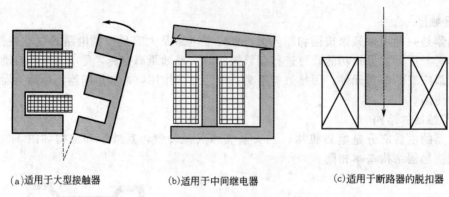

(a)适用于大型接触器　　　　(b)适用于中间继电器　　　　(c)适用于断路器的脱扣器

图 1-28　常见电磁铁芯的结构形式

③ 直流电磁铁和交流电磁铁。电磁铁按励磁电流不同可分为直流电磁铁和交流电磁铁。其结构如图 1-29 所示。

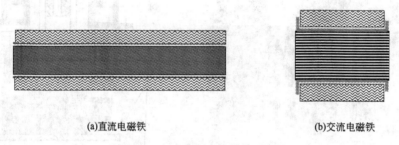

(a)直流电磁铁　　　　　　　　(b)交流电磁铁

图 1-29　交直流电磁铁结构示意图

在稳定状态下直流电磁铁中磁通恒定，铁芯中不产生损耗，只有线圈产生热量。因此，直流电磁铁的铁芯是用整块钢材或工程纯铁制成的，电磁线圈没有骨架，且做成细长形式，以增加它和铁芯直接接触的面积，利于线圈热量从铁芯散发出去。

交流电磁铁中磁通交变，铁芯中有磁滞损耗和涡流损耗，铁芯和线圈都产生热量。因此，交流电磁铁和铁芯一般用硅钢片叠成，以减少铁损，并且将线圈制成粗短形式，由线圈骨架把它和铁芯隔开，以免铁芯的热量传给线圈致使其过热而烧坏。

④ 短路环。由于交流电磁铁的磁通是交变的，线圈磁场对衔铁的吸引力也是交变的。当交流电流过零时，线圈磁通为零，对衔铁的吸引力也为零，衔铁在复位弹簧作用下将产生释放趋势，这就使动、静铁芯之间的吸引力随着交流电的变化而变化，从而产生振动和噪声，加速动、静铁芯接触面积的磨损，引起结合不良，严重时还会使触点烧蚀。为了消除这一弊端在铁芯柱面的一部分，嵌入一只铜环，名为短路环，如图 1-30 所示。

该短路环相当于变压器副边绕组，在线圈通入交流电时，铁芯柱面产生磁通 ϕ_1，该磁通穿过短路环，短路环中产生感

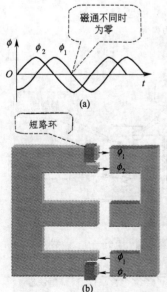

图 1-30　铁芯上的短路环

应电流也将产生磁通 ϕ_2。短路环相当于纯电感电路，ϕ_2 滞后于 ϕ_1，两个磁通不同时为零，铁芯之间始终有磁力吸引，从而克服了衔铁被释放的趋势，使衔铁在通电过程中总是处于吸合状态，明显减小了震动和噪声。所以短路环又称减振环，它通常由康铜或镍铬合金制成。

⑤ 电压线圈和电流线圈。电磁铁的线圈按接入电路的方式不同可以分为电压线圈和电流线圈。

电压线圈并联在电源两端，获得额定电压时带动触点吸合，其电流值由电源电压和线圈本身的电阻和阻抗决定。由于线圈匝数多、导线细、电流较小而匝间电压高，所以一般用绝缘性能好的漆包线绕制。

电流线圈串联在主电路中，当主电路的电流超过其动作值时带动触点吸合，其电流值比较大，且与线圈的阻抗无关，所以线圈导线比较粗，匝数较小，通常用紫铜条或粗的紫铜线绕制。

（2）触头系统

触头系统属于执行部件，按功能不同可分为主触头和辅助触头两类。主触头用于接通和分断电路；辅助触头用于接通和分断二次电路，还能起互锁和联锁作用。小型触头一般用银合金制成，大型触头用铜材制成。

触头系统按形状不同分为桥式触头和指形触头。按其接触形式有点接触、线接触和面接触三种。如图 1-31 所示为不同结构形式的触头。其中点接触桥式触头适用于工作电流不大，接触电压较小的场合，如辅助触头。面接触桥式触头的载流容量圈套，多用于小型交流接触器主触头。指形触头，其接触区为一直线，触头闭合时产生流动接触，适用于动作频繁、负荷电流大的场合。

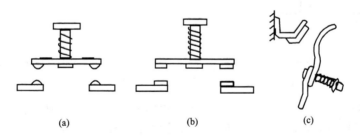

(a)　　　　　　　　(b)　　　　　　　　(c)

图 1-31　触头的结构形式

触头按位置不同可分为静触头和动触头。静触头固定不动，动触头能由联杆带着移动，如图 1-32 所示。触头通常以其初始位置，即"常态"位置来命名。对电磁式电器来说，是指电磁铁线圈未通电时的位置；对非电量电起来说，是指没有受外力作用的位置。常闭触头（又称动断触头）——常态时动、静触头是相互闭合的。常开触头（又称动合触头）常态时动、静触头是分开的。

（3）灭弧装置

各种有触点电器都是通过触点的开、闭来通、断电路的，其触头在闭合和断开（包括熔断时）的瞬间，都会在触头间隙中由电子流产生弧状的火花，这种由电气原因产生的火花，称为电弧。触头间的电压越高，电弧就越大；负载的电感越大，断开时的火花也越大。

① 电弧的产生和危害。电弧是触头间气体在强电场作用下产生的放电现象，即当触头间刚出现分断时，电场强度极高，在高热

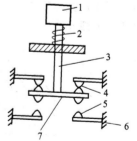

图 1-32　触头的分类
1—推动机构；2—复位弹簧；
3—连杆；4—常闭触头；
5—常开触头；6—静触头；
7—动触头

和强电场作用下，金属内部的自由电子从阴极表面逸出，奔向阳极，这些自由电子在电场中运动时撞击中性气体分子，使之激励和游离，产生正离子和电子。因此，在触头间隙中产生大量的带电粒子，使气体导电形成了炽热电子流即电弧。电弧产生后，伴随高温产生并发出强光，一方面使电路仍然保持导通状态，延迟了电路的开断，另一方面会烧损触点，缩短电器的使用寿命，严惩时会引起火灾、触头熔焊或其他事故，因此，在电器中应采取适当措施熄灭电弧。

② 灭弧措施。常见的灭弧措施有以下几种。

（a）多断点灭弧。一般用交流接触器等交流电器。如图1-33所示是一种桥式结构双断口触头系统，双断口就是在一个回路中有两个产生和断开电弧的间隙。当触点打开时，在断口中产生电弧。触头1和2在弧区内产生图中所示的磁场，根据左手定则，电弧电流要受到一个指向外侧的力 F 的作用而向外运动，迅速离开触点而熄灭。电弧的这种运动，一是会使电弧本身被拉长，二是电弧穿越冷却介质时要受到较强的冷却作用，这都有助于熄灭电弧。最主要的还是两断口处的每一电极近旁，在交流过零时都能出现 150～250V 的介质绝缘强度。

（b）磁吹灭弧。灭弧装置设有与触点串联的磁吹线圈，电弧在吹弧线圈的作用下受力拉长，从触点间吹离，加速了冷却而熄灭，如图1-34所示。

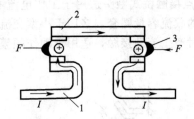 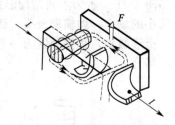

图 1-33　双断口结构的电动力吹弧效应　　　　图 1-34　磁吹灭弧
1—静触头；2—动触头；3—电弧

（c）窄缝灭弧。窄缝灭弧装置一般都带灭弧罩，灭弧罩通常用耐弧陶土、石棉水泥或耐弧塑料制成，如图1-35所示。其作用有二：一是引导电弧纵向吹出，借此防止发生相间短路；二是使电弧与灭弧室的绝缘壁接触，从而迅速冷却，增强去游离作用，迫使电弧熄灭。窄缝可将电弧弧柱直径压缩，使电弧同缝壁紧密接触，加强冷却和降低游离作用，同时，也加大了电弧运动的阻力，使其运动速度下降，缝壁温度上升，并在壁面产生表面放电。目前，有采用数个窄缝的多纵缝来弧室，它将电弧引入纵缝，分劈成若干股直径较小的电弧，以增强灭弧作用。

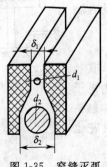 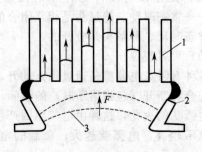

图 1-35　窄缝灭弧　　　　　　图 1-36　栅片灭弧
1—熄弧栅片；2—触点；3—电弧

（d）栅片灭弧。触头分断时产生的电弧在磁吹力和电动力作用下被拉长后，推向一组静止的金属片，这组金属片称为栅片，它们彼此间是互相绝缘的。如图1-36所示。电弧进入栅片后，被分割成一段段串联的电弧，而每一栅片又相当于一个电极，使每段短弧上的电压达不到燃弧电压，同时栅片还具有冷却作用，致使电弧迅速熄灭。

为了加强灭弧效果，往往要同时采取几种灭弧措施。

2）分类

接触器按电流种类不同可分为交流接触器和直流接触器两类；按驱动触头系统的动力不同，可分为电磁接触器、气动接触器、液压接触器等。新型的真空接触器与晶闸管接触器正在逐步使用。目前最常见的是电磁交流接触器。

常用的交流接触器产品，国内有NC3（CJ46）、CJ12、CJ10X、CJ20、CJX1、CJX2等系列；引进国外技术生产的有B系列、3TB、3TD、LC—D等系列。

CJ20系列接触器为交流、直动式，结构紧凑，CJ40系列是CJ20的革新产品，主要技术数据达到和超过国际标准，价格与CJ20相似。CJ20交流接触器的主触点均做成三极，辅助触点则为两动合两动断形式。此系列交流接触器常用于控制笼型电动机的启动和运转。

常用的直流接触器有CZ0、CZ18等系列。

交流接触器的型号及含义如图1-37所示。

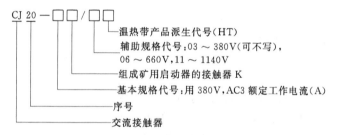

图1-37　接触器的型号及含义

直流接触器的型号及含义如图1-38所示。

3）接触器的工作原理

接触器有两种工作状态，即得电状态（动作状态）和失电状态（释放状态）。工作原理图如图1-39所示。接触器主触头的动触头装在与衔铁相连的绝缘连杆上，其静触头则固定在壳体上。当线圈得电后，线圈产生磁场，使静铁芯产生电磁吸力，将衔铁吸合。衔铁带动动触头动作，使常闭触头断开，常开触头闭合，分断或接通相关电路；当线圈断电或电压显著降低时，电磁吸力消失或变小，衔铁在复位弹簧的作用下释放，各触头随之复位。直流接触器与交流接触器的工作原理相同。

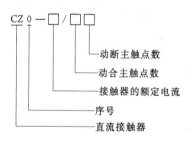

图1-38　直流接触器的型号及含义

4）接触器的主要技术参数

① 额定电压。接触器铭牌上的额定电压是指主触头的额定电压。交流有127V，220V，380V，500V；直流有110V，220V，440V。

② 额定电流。接触器铭牌额定电流是指主触头的额定电流，有5A，10A，20A，40A，60A，100A，150A，250A，400A，600A。

③ 吸引线圈的额定电压。交流有36V，110V，127V，220V，380V；直流有24V，48V，220V，440V。

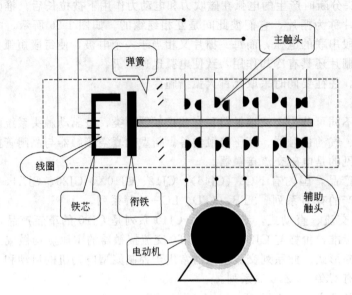

图 1-39　接触器工作原理图

④ 电气寿命和机械寿命（以万次表示）。

⑤ 额定操作频率（1 次/h 表示）。

⑥ 主触点和辅助触点数目。

5）接触器的选择

① 根据接触器所控制的负载性质来选择接触器的类型。

② 接触器的额定电压不得低于被控制电路的最高电压。

③ 接触器的额定电流应大于被控制电路的最大电流。

④ 电磁线圈的额定电压应与所接控制电路的电压相一致。

⑤ 接触器的触头数量和种类应满足主电路和控制线路的要求。

6）接触器的图形及文字符号

接触器的图形及文字符号如图 1-40 所示。

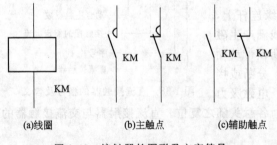

图 1-40　接触器的图形及文字符号

2. 电磁式电器共性故障诊断与维修

一般电磁式电器，通常由触头系统、电磁系统和灭弧装置等组成，而触头系统和电磁系统是电磁式低压电器的共性元件。这部分元件经过长期使用或使用不当，可能会发生故障而影响电器的正常工作。

1）触头的故障及维修

触头是有触点低压元件的主要部件，担负着接通和分断电路的作用，也是电器中比较容易损坏的部件。触头的常见故障有触头过热、磨损和熔焊等。

（1）触头过热。造成触头发热的主要原因有触头接触压力不足；触头表面接触不良；触头表面被电弧灼伤烧毛等。这些原因都会使触头电阻增大，使触头过热。

解决办法是，对于由于弹簧失去弹性而引起的触头压力不足，可通过重新调整弹簧或更新弹簧解决；对于触头表面的油污、积垢或烧毛，可用小刀刮去或用锉锉去。

（2）触头磨损。触头磨损有两种。一种是电气磨损，由触头间电弧或电火花的高温使触头金属气化和蒸发造成；另一种是机械磨损，由触头闭合时的撞击、触头表面的相对滑动摩擦等造成。

解决方法是，当触头磨损至原有厚度的 2/3（指铜触头）或 3/4（指银或银合金）时，应更换新触头。另外，超行程（指从动、静触头刚接触的位置算起，假想此时移去静触头，动触头所能继续向前移动的距离）不符合规定时，也应更换新触头。若发现磨损过快，应查明原因。

（3）触头熔焊。动、静触头接触面在熔化后被焊在一起而断不开的现象，称为触头的熔焊。当触头闭合时，由于撞击和产生按振动，在动、静触头间的小间隙中产生短电弧，电弧的高温使触头表面被灼伤甚至被烧熔，熔化的金属液便将动、静触头焊在一起。

发生触头熔焊的常见的原因包括触头选用不当，容量太小；负载电流太大；操作频率过高；触头弹簧损坏，初压力减小。

解决办法是，更换新触头。

2）电磁系统的故障及维修

（1）衔铁振动和噪声。产生振动和噪声的主要原因有短路环损坏或脱落；衔铁歪斜或铁芯端面有锈蚀、尘垢，使动、静铁芯接触不良；反作用弹簧压力太大；活动部分机械卡阻而使衔铁不能完全吸合等。

（2）线圈过热或烧毁。线圈中流过的电流过大时，就会使线圈过热甚至烧毁。发生线圈电流过大的原因有以下几个方面：线圈匝间短路；衔铁与铁芯闭合后有间隙；操作频繁，超过了允许操作频率；外加电压高于线圈额定电压等。

（3）衔铁不释放。当线圈断电后，衔铁不释放，应立即断开电源开关，以免发生意外事故。

衔铁不释放的原因主要有：触头熔焊在一起；铁芯剩磁太大；反作用弹簧弹力不足；活动部分机械卡阻；铁芯端面有油污等。上述原因都可能导致线圈断电后衔铁不能释放，触头不能复位。

（4）衔铁不能吸合。当交流线圈接通电源后，衔铁不能吸合时，应立即切断电源，以免线圈被烧毁。

衔铁不能吸合的原因有：线圈引出线脱落、断开或烧毁；电源电压过低；活动部分卡阻。

3）灭弧系统的故障及维修

灭弧罩是用石棉水泥板或陶土制成，容易受潮、炭化和破裂，应及时进行烘干、修理和更换的处理。在开关分断时仔细倾听灭弧的声音，如果是软弱无能的"噗噗"声，就是灭弧时间延长的表现，需要拆开检查。

3. 接触器的故障诊断与检修

1）接触器的使用与维护

（1）安装注意事项

① 接触器安装时，其底面与地面的倾斜度应小于 5°。

② 注意要留有适当的飞弧空间，以免烧坏相邻的电器。

③ 安装孔的螺钉应装有弹簧垫圈和平垫圈，并拧紧螺钉以防松脱或振动，注意不要有零件落入电器内部。

（2）接触器检查与维护

① 外观检查。看接触器外观是否完整无损，各连接部分是否松动。

② 灭弧罩检查。取下灭弧罩，仔细查看有无破裂或严重烧损；灭弧内的栅片有无变形或松脱，栅孔或缝隙是否堵塞；清除灭弧室内的金属飞溅物和颗粒。

③ 触头检查。清除触头表面上烧毛的颗粒；检查触头磨损的程度，严重时应更换。

④ 铁芯的检查。对铁芯端面要定期擦拭，清除油垢，保持清洁；检查铁芯有无变形。

⑤ 线圈的检查。观察线圈外表是否因过热而变色；接线是否松脱；线圈骨架是否破碎。

⑥ 活动部件的检查。检查可动部件是否卡阻；坚固体是否松脱；缓冲件是否完整等。

2）接触器的常见故障及处理

接触器的常见故障与处理方法见表1-29。

表1-29　接触器的常见故障与处理

序号	故障现象	产生原因	处理方法
1	触头熔焊	(1)操作频率过高或选用不当 (2)负载侧短路 (3)触头弹簧压力过小 (4)触头表面有金属颗粒突起或异物 (5)吸合过程中触头停滞在似接触非接触的位置上	(1)降低操作频率或更换合适型号 (2)排除适中故障、更换触头 (3)调整触头弹簧压力 (4)清理触头表面 (5)消除停滞因素
2	触头断相	(1)触头烧缺 (2)压力弹簧失效 (3)连接螺钉松脱	(1)更换触头 (2)更换压力弹簧片 (3)拧紧松脱螺钉
3	相间短路	(1)可逆转换接触器联锁失灵或误动作致使两台接触器投入运行而造成相间短路 (2)接触器正反转转换时间短而燃弧时间长，换接过程中发生弧光短路 (3)尘埃堆积、潮湿、过热，使绝缘损坏 (4)绝缘件或室损坏或破碎	(1)检查联锁保护 (2)在控制电器中加中间环节或更换动作时间长的接触器 (3)缩短维护周期 (4)更换损坏件
4	线圈损坏	(1)空气潮湿，含有腐蚀性气体 (2)机械方面碰坏 (3)严重振动	(1)换用特种绝缘漆线圈 (2)对碰坏处进行修复 (3)消除或减小振动
5	启动动作缓慢	(1)极面间间隙过大 (2)电器的底板不平 (3)机械可动部分稍有卡阻	(1)减小间隙 (2)将电器装直 (3)检查机械可动部分
6	短路环断裂	由于电压过高，线圈用错，弹簧断裂，以致辞磁铁作用时撞击过猛	检查并调换零件

第三部分　技能训练

训练内容：检验型号为 CJ20—16 的接触器。

1. 任务描述

根据表1-27送检单，依据相关标准拟制检验工艺文件，对实物进行检验并判定实物是否合格。

2. 实训内容及操作步骤

① 用搜索引擎搜索"标准技术网"查找相关标准；

② 根据技术标准拟制接触器的检验工艺文件；

③ 按拟制的工艺卡片的检验项目对型号为 CJ20—16 的接触器进行检验。

第四部分　总结提高

（1）认真总结学习过程，提交接触器的检验工艺文件。

（2）根据本任务所掌握的知识和技能回答下列问题。

① 在低压电器中常用的灭弧方式有哪些？

② 交流接触器和直流接触器能否互换使用？为什么？

③ 使用接触器时应注意什么？

④ 电压线圈和电流线圈在结构上有哪些区别？能否互相替代？为什么？

⑤ 简述电弧产生的原因及其造成的危害。

⑥ 选一交流接触器进行拆卸，认识内部主要零部件，测量并填写表 1-30。

表 1-30　交流接触器的拆卸与测量记录表

型　　　号				主要零部件	
				名称	作用
触点数					
主触点	辅助触点	常开触点	常闭触点		
触点电阻					
常开触点		常闭触点			
动作前	动作后	动作前	动作后		
电磁线圈					
工作电压		直流电阻			

模块四　继电器的检验

任务一　检验过电流继电器

任务单：过电流继电器送检单（表 1-31）

××××有限公司

表 1-31　供应物资流转凭证

仓库名称	□配套库		□化工库						
供货厂家	××××有限公司			凭证编号					
物资名称	过电流继电器			规格型号		JL14—11			
送检日期				入库日期					
计量单位	只		送检数量				入库数量		

采购员：　　　　检验员：　　　　审核：　　　　保管员：

第一部分　目的与要求

1. 知识目标

① 熟悉电磁式继电器的分类与用途。

② 掌握常用电磁式继电器的结构、动作原理、主要参数、图形符号、文字符号等。

2. 技能目标

掌握电磁式继电器的选择、安装与检验。

3. 需要准备的设备、工具与器材（表 1-32）

表 1-32　任务所需设备、工具与器材

名　称	型 号 或 规 格	数　量
电器安装板	通用电器安装板（含紧固件）	1 套
过电流继电器	JL14—11	1 个
常用工具	带绝缘柄的钢丝钳、绝缘垫、螺钉旋具	1 套
游标卡尺	SF2000	1 个
万用表	MF47 型或其他	1 个
综合安全性能测试仪	安全性能综合测试系统 AN9640STS	1 个

第二部分　知识链接

1. 继电器

继电器是一种根据电量（电流、电压）或非电量（时间、速度、温度、压力等）的变化自动接通和断开控制电路，以完成控制和保护任务的自动控制电器。

虽然继电器和接触器都用来自动接通或断开电路，但是它们仍有很多不同之处。继电器可以对各种电量或非电量的变化作出反应，而接触器只在一定的电压信号下动作；继电器用于切换小电流的控制电路，而接触器则用来控制大电流电路，因此继电器触头容量较小（不大于 5A），且无灭弧装置，具有结构简单、体积小、重量轻的优点，但其动作的准确性要求较高。

继电器的用途广泛，种类繁多。按反应的参数不同可分为电压继电器、电流继电器、中间继电器、热继电器、时间继电器和速度继电器等；按电源种类可分为直流继电器和交流继电器；按输出信号方式可分为有触点式和无触点式；按动作原理不同可分为电磁式、电动式、电子式和机械式等。

2. 电磁式继电器

低压控制系统中采用的继电器，大部分为电磁式。如电压继电器、电流继电器、中间继电器及相当一部分的时间继电器等，都属于为电磁式继电器。

1）电磁式继电器的基本结构

电磁式继电器与接触器的结构大致相同，主要由电磁机构、触头系统和调节装置组成。其基本结构如图 1-41 所示。

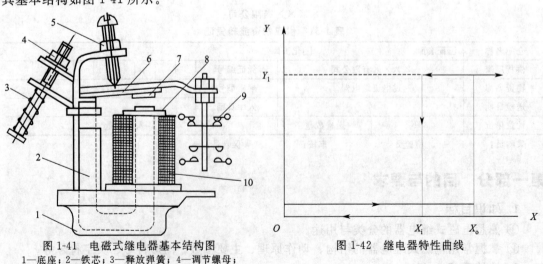

图 1-41　电磁式继电器基本结构图　　　　　图 1-42　继电器特性曲线

1—底座；2—铁芯；3—释放弹簧；4—调节螺母；
5—调节螺母；6—衔铁；7—非磁性垫片；
8—极靴；9—触头系统；10—线圈

2）电磁式继电器的继电特性

继电器的输入—输出特性称为继电器的继电特性，电磁式继电器的继电特性曲线如图 1-42 所示，其中衔铁吸合时记作 Y_1，衔铁释放时记作 0。

从图 1-42 中可以看出，继电器的继电特性为跳跃式的回环特性。图中，X_o 称为继电器的动作值（吸合值），欲使继电器动作，输入量必须大于 X_o；X_i 称为继电器的复归值（释放值），要使继电器从吸合变为释放，输入量必须小于 X_i。X_o、X_i 均为继电器的动作参数，可根据使用要求进行整定。

$K = X_i / X_o$ 称为返回系数，它是继电器重要参数之一。

电流继电器的返回系数称为电流返回系数，用 $K_i = I_i / I_o$ 表示（I_o 为动作电流，I_i 为复归电流）。

电压继电器的返回系数称为电压返回系数，用 $K_v = U_i / U_o$ 表示（U_o 为动作电压，U_i 为复归电压）。

3）继电器的主要技术参数

（1）额定参数。额定参数有额定电压（电流），吸合电压（电流）和释放电压（电流）。额定电压（电流）即指继电器线圈电压（电流）的额定值，用 $U_e (I_e)$ 表示；吸合电压（电流）即是指使继电器衔铁开始运动时线圈的电压（电流）值；释放电压（电流）即衔铁开始返回动作时，线圈的电压（电流）值。

（2）时间特性。动作时间是指从接通电源到继电器的承受机构起，至继电器的常开触点闭合为止所经过的时间。它通常由启动时间和运动时间两部组成，前者是从接通电源到衔铁开始运动的时间间隔，后者是由衔铁开始运动到常开触点闭合为止的时间间隔。

返回时间是指从断开电源（或将继电器线圈短路）起，至继电器的常闭触点闭合为止所经过的时间。它也是由两部分组成，即返回启动时间和返回运动时间。前者是从断开电源起至衔铁开始运动的时间间隔，后者是由衔铁开始运动到常闭触点闭合为止的时间间隔。

一般继电器的吸合时间与返回时间为 0.05～0.15s，快速继电器的吸合时间与返回时间可达 0.005～0.05s，它们的大小影响着继电器的操作频率。

（3）触点的开闭能力。继电器触点的开闭能力与负载特性、电流种类和触点的结构有关。在交、直流电压不大于 250V 的电路（对直流规定其有感负荷的时间常数不大于 0.005s）中，各种功率的开闭能力见表 1-33。

表 1-33　继电器触点的开闭能力参考表

触点类别	允许断开功率		允许接通电流		长期允许闭合电流/A
	直流/W	交流/VA	直流/A	交流/A	
小功率	20	100	0.5	1	0.5
一般功率	50	250	2	5	2
大功率	200	1000	5	10	5

（4）整定值。执行元件（如触头系统）在进行切换工作时，继电器相应输入的参数数值称为整定值。大部分继电器的整定值是可以调整的。一般电磁继电器是调节反作用弹簧和工作气隙，使在一定电压或电流时继电器动作。

（5）灵敏度。继电器能被吸动所必须具有的最小功率或安匝数称为灵敏度。不同类型的继电器当动作安匝数相同时，却往往因线圈电阻不一样，消耗的功率也不一样，因此，当比较继电器灵敏度时，应以动作功率为准。

（6）返回系数。如前所述，返回系数为复归电压（电流）与动作电压（电流）之比。对于不同用途的继电器，要求有不同的返回系数。如控制用继电器，其返回系数一般要求在

0.4 以下，以避免电源电压短时间的降低而自动释放；对于保护用继电器，则要求较高的返回系数（0.6 以上），使之能反映较小输入量的波动范围。

（7）接触电阻。接触电阻指从继电器引出端测得的一组闭合触点间的电阻值。

（8）使用寿命指继电器在规定的环境条件和触点负载下，按产品要求能够正常动作的最少次数。

4）常用典型电磁式继电器

（1）电流继电器。电流继电器是根据输入电流大小而动作的继电器。使用时，其线圈和被保护的设备串联，为不影响电路正常工作，其线圈匝数少而线径粗、阻抗小、分压小。

电流继电器有欠电流和过电流继电器之分。过电流继电器在电路正常工作时，衔铁不运作；当电流超过规定值时，衔铁才吸合。欠电流继电器在电路正常工作时，衔铁处在吸合状态；当电流低于规定值时，衔铁才释放。

欠电流继电器的吸引电流为线圈额定电流的 30%～65%，释放电流为额定电流的 10%～20%。过电流继电器的动作电流的整定范围通常为 1.1～4 倍额定电流，由于过电流继电器在出现过电流时衔铁吸合动作，其触头来切断电路，故过电流继电器无释放电流值。

图 1-43　过电流继电器

如图 1-43 所示为过电流继电器。

（2）电压继电器。电压继电器的线圈与电压源并联，此时，电压继电器所反映的是电路中电压的变化，为了使并入电压继电器后并不影响电路工作，线圈应匝数多、导线细、阻抗大。

根据动作电压值的不同，电压继电器有过电压、欠电压和零电压继电器之分。过电压继电器在电路正常工作时，衔铁不运作；当电压超过规定值时，衔铁才吸合。欠电压继电器在电路正常工作时，衔铁处在吸合状态，当电压低于规定值时，衔铁才释放。

过电压继电器在电压为额定电压的 110%～115% 以上时衔铁吸合，欠电压继电器在电压为额定电压的 40%～70% 时释放，而零电压继电器当电压降至额定电压的 5%～25% 时释放，它们分别用做过电压、欠电压和零压保护。

如图 1-44 所示为欠电压继电器。

（3）中间继电器。中间继电器实质上为电压继电器，但它的触点对数多，触头容量较大，动作灵敏。其主要用途为：当其他继电器的触头对数或触头容量不够时，可借助中间继电器来扩大它们的触头数和触头容量，起到中间转换作用。

如图 1-45 所示为中间继电器。

图 1-44　欠电压继电器　　　　　　　　　　　图 1-45　中间继电器

（4）电磁式继电器的表示。常用的电磁式中间继电器有 JZ7、JDZ2、JZ14 等系列。引进产品有 MA406N 系列、3TH 系列（国内型号 JZC）；常用的直流电磁式通用继电器有 JT3、JT9、JT10、JT18 等系列；常用的电磁式交、直流电流继电器有 JL3、JL14、JL15 等系列。

常用电磁式继电器的型号及含义如图 1-46 所示。

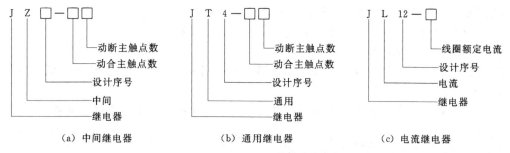

| （a）中间继电器 | （b）通用继电器 | （c）电流继电器 |

图 1-46 常用电磁式继电器的型号及含义

5）电磁式继电器的图形及文字符号

电磁式继电器的图形及文字符号如图 1-47 所示。

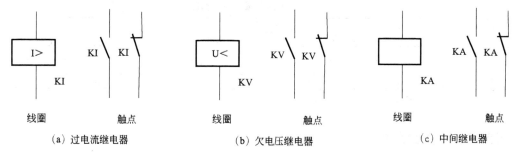

| （a）过电流继电器 | （b）欠电压继电器 | （c）中间继电器 |

图 1-47 电磁式继电器的图形及文字符号

3. 电磁式继电器的故障诊断与检修

1）电磁式继电器的使用与维护

（1）安装前应检查继电器的额定电流及整定值是否与实际使用要求相符。继电器的动作部分是否动作灵活、可靠。外罩及壳体是否有损坏或缺件等情况。

（2）安装后应在触头不通电的情况下，使吸引线圈通电操作几次，确保动作可靠。

（3）定期检查继电器各零部件是否有松动及损坏现象，并保持触头清洁。

2）电磁式继电器的常见故障及处理

电磁式继电器的常见故障与处理方法可参见接触器部分相关内容。

第三部分 技能训练

训练内容：检验型号为 JL14—11 的过电流继电器。

1. 任务描述

根据表 1-41 送检单，依据相关标准拟制检验工艺文件，对实物进行检验并判定实物是否合格。

2. 实训内容及操作步骤

① 用搜索引擎搜索"标准技术网"查找相关标准；

② 根据技术标准拟制电流继电器检验的工艺文件；

③ 按拟制的工艺卡片的检验项目对型号为 JL14—11 的过电流继电器进行检验。

第四部分　总结提高

（1）认真总结学习过程，提交按钮的检验工艺文件。

（2）根据本任务所掌握的知识和技能回答下列问题。

① 什么是继电器？常用的有哪些种类？电磁式继电器有几种？

② 如何选用电流继电器？

③ 中间继电器的主要用途是什么？与交流器相比有何异同之处？在什么情况下可用中间继电器代替接触器启动电动机？

④ 什么是继电器的返回系数？要提高电压（电流）继电器的返回系数可采取哪些措施？

任务二　检验时间继电器

任务单：时间继电器送检单（表 1-34）

××××有限公司

表 1-34　供应物资流转凭证

仓库名称	□配套库		□化工库					
供货厂家	××××有限公司			凭证编号				
物资名称	时间继电器			规格型号		JS7—1A		
送检日期				入库日期				
计量单位	只		送检数量			入库数量		

采购员：　　　　检验员：　　　　审核：　　　　保管员：

第一部分　目的与要求

1. 知识目标

掌握时间继电器的结构、动作原理、主要参数、图形符号、文字符号等。

2. 技能目标

掌握时间继电器的选择、安装与检验。

3. 需要准备的设备、工具与器材（表 1-35）

表 1-35　任务所需设备、工具与器材

名　称	型 号 或 规 格	数　量
电器安装板	通用电器安装板（含紧固件）	1 套
时间继电器	JS7—1A	1 个
常用工具	带绝缘柄的钢丝钳、绝缘垫、螺钉旋具	1 套
游标卡尺	SF2000	1 个
万用表	MF47 型或其他	1 个
综合安全性能测试仪	安全性能综合测试系统 AN9640STS	1 个

第二部分　知识链接

1. 时间继电器

时间继电器是利用电磁原理或机械原理实现触头延时闭合或延时断开的自动控制电器。

1）时间继电器的分类和结构

时间继电器的延时方法及其类型很多，概括起来可分为电气式和机械式两大类。电气延时式有电磁阻尼式、电动机式、电子式（又分阻容式和数字式）等时间继电器；机械延时式有空气阻尼式、油阻尼式、水银式、钟表式和热双金属片式等时间继电器。其中常用的时间继电器按工作原理分有电磁阻尼式、空气阻尼式、电动机式和电子式 4 类；按延时方式分为通电延时型、断电延时型和带瞬动触点的通电延时型等。

（1）直流电磁式时间继电器。在直流电磁式电压继电器的铁芯上增加一个阻尼铜套，即可构成时间继电器，如图 1-48 所示。

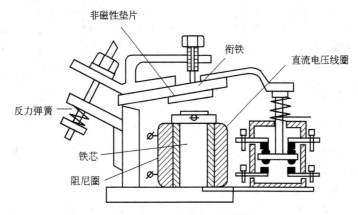

图 1-48　直流电磁式时间继电器的结构示意图

直流电磁式电压继电器是利用电磁阻尼原理产生延时的，由电磁感应定律可知，在继电器线圈通断电的过程中，铜套内将产生感应电动势，并流过感应电流，此电流产生的磁通总是反对原磁通的变化。当继电器通电时，由于衔铁处于释放位置，气隙大、磁阻大、磁通小，铜套阻尼作用相对也小，衔铁吸合时，延时不显著（一般忽略不计）；而当继电器断电时，磁通变化量大，铜套阻尼作用也大，使衔铁延时释放而起到延时作用。因此，这种继电器仅用作断电延时。

直流电磁式时间继电器结构简单、可靠性高、使用寿命长。其缺点是，仅适用于直流电路，若用于交流电路，需加整流装置；仅能获得断电延时，而且延时精度较低，延时时间较短，最长不超过 5s，一般只用于要求不高的场合，如电动机的延时启动等。常用产品有JT3、JT18 系列。

（2）空气阻尼式时间继电器。空气阻尼式时间继电器又称气囊式时间继电器，它是利用空气阻尼有理获得延时的。通常由一个具有瞬动触点的中间继电器作为主体，再加上一个延时组件组成。

空气阻尼式时间继电器有通电延时型和断电延时型两种。如图 1-49 所示为通电延时型时间继电器的外形及工作原理图。

空气阻尼式时间继电器的优点是，延时范围大，结构简单，调整方便，使用寿命长，价格低廉。其缺点是，延时误差大（±10%～20%），无调节刻度指示，难以精确地整定延时值。在对延时精度要求高的场合，不宜使用这种时间继电器。

常用产品有 JS7、JS16、JS23 等系列。目前我国统一设计的 JS23 系列用于取代 JS7、JS16 系列。

（3）电动式时间继电器。电动式时间继电器是由微型同步电动机拖动减速齿轮获得延时的时间继电器，也分为通电延时型和断电延时型两种。

电动式时间继电器的优点是，延时范围宽（0～72h），整定偏差和重复偏差小，延时值

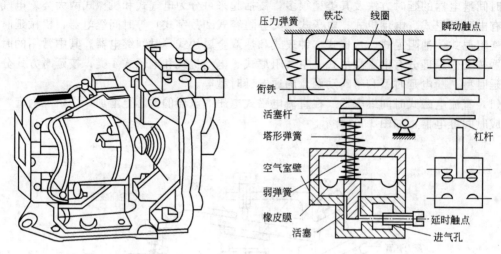

图 1-49　空气阻尼式时间继电器（通电延时型）结构外形图及工作原理图

不受电源电压波动和环境温度变化的影响。其缺点是，机械结构复杂，使用寿命低，价格贵，延时偏差受电源频率影响等。

常用的产品有 JS10 系列和 JS11 系列。

（4）电子式时间继电器。电子式时间继电器在时间继电器中已成为主流产品，电子式时间继电器是采用晶体管或集成电路和电子元件等构成，目前已有采用单片机控制的时间继电器。电子式时间继电器的优点是，延时范围广，精度高，体积小，耐冲击和耐振动，调节方便，及使用寿命长等，是发展快、有前途的电子器件。

晶体管式时间继电器也称为半导体式时间继电器，它主要利用电容对电压变化的阻尼作用作为延时环节而构成。继电器的输出形式有两种：一种是触头式，用晶体管驱动小型电磁式继电器；另一种是无触头式，采用晶体管或晶闸管输出。

近年来随着微电子技术的发展，采用集成电路、功率电路和单片机等电子元件构成的新型时间继电器大量面市，如 DHC6 多制式单片机控制时间继电器，JSS17、JSS20、JSZ13 等系列大规模集成电路数字时间继电器，JS14S 等系列电子式数显时间继电器，JSG1 等系列固态时间继电器等。

时间继电器的型号及含义如图 1-50 所示。

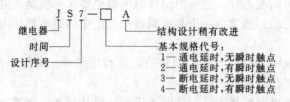

图 1-50　时间继电器的型号及含义

2）时间继电器的主要技术参数

时间继电器的主要技术参数有触点额定电流、触点额定电压、延时方式、继电器类型、触点数量、延时范围及线圈电压等。

3）时间继电器的选择

（1）线圈电压值的选择：按控制电路电流种类和电压等级来选择线圈电压值；

（2）延时方式的选择：按控制电路的控制要求来选择通电延时型还是断电延时型；

（3）触头延时状态的选择：按控制要求选择触头是延时闭合还是延时断开；

（4）延时触头数量和瞬动触头数量是否满足控制电路的要求；

（5）延时范围和精度要求。

4）时间继电器的图形符号及文字符号

时间继电器的图形符号及文字符号如图 1-51 所示。

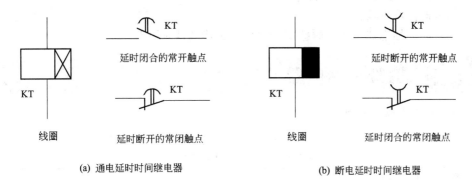

（a）通电延时时间继电器   （b）断电延时时间继电器

图 1-51　时间继电器的图形符号及文字符号

2. 时间继电器的故障诊断与检修

1）时间继电器的使用与维护

（1）时间继电器应按说明书规定的方向安装，无论是通电延时型还是断电延时型，都必须使继电器断电后，释放衔铁的运动方向垂直向下，其倾斜度不得超过 5°。

（2）时间继电器的整定值，应预先在不通电时整定好，并在试车时校正。

（3）时间继电器金属板上的接地螺钉必须与接地线可靠连接。

（4）空气阻尼式时间继电器在使用中要经常清除灰尘和油污，否则延时误差会更大。

2）时间继电器的常见故障及处理

时间继电器的触头系统与电磁系统的故障及处理办法参见接触器部分相关内容。其他常见故障与处理方法见表 1-36。

表 1-36　时间继电器的常见故障与处理

序号	故 障 现 象	产 生 原 因	处 理 方 法
1	延时触头不动作	（1）电磁线圈断线 （2）电源电压过低 （3）传动机构卡住或损坏	（1）更换线圈 （2）调高电源电压 （3）排除卡住原因或更换部件
2	延时时间缩短	（1）气室装配不严，有漏气 （2）橡胶膜损坏	（1）修理或更换气室 （2）更换橡胶膜
3	延时时间变长	气室内有灰尘，使气道堵塞	清除气室内灰尘，使气道畅通

第三部分　技能训练

训练内容：检验型号为 JS7—1A 的时间继电器。

1. 任务描述

根据表 1-34 送检单，依据相关标准拟制检验工艺文件，对实物进行检验并判定实物是否合格。

2. 实训内容及操作步骤

① 用搜索引擎搜索"标准技术网"查找相关标准；

② 根据技术标准拟制时间继电器的检验工艺文件；

③ 按拟制的工艺卡片的检验项目对型号为 JS7—1A 的时间继电器进行检验。

第四部分　总结提高

(1) 认真总结学习过程，提交时间继电器的检验工艺文件。

(2) 根据本任务所掌握的知识和技能回答下列问题。

① 什么是时间继电器？

② 空气式时间继电器主要由哪些部分组成？试述其延时原理。

任务三　检验热继电器

任务单：热继电器送检单（表 1-37）

××××有限公司

表 1-37　供应物资流转凭证

仓库名称	□配套库			□化工库					
供货厂家	××××有限公司				凭证编号				
物资名称	热继电器				规格型号		JR20—16		
送检日期					入库日期				
计量单位	只		送检数量				入库数量		

采购员：　　　　检验员：　　　　审核：　　　　保管员：

第一部分　目的与要求

1. 知识目标

掌握热继电器的结构、动作原理、主要参数、图形符号、文字符号等。

2. 技能目标

掌握热继电器的选择、安装与检验。

3. 需要准备的设备、工具与器材（表 1-38）

表 1-38　任务所需设备、工具与器材

名　称	型号或规格	数　量
电器安装板	通用电器安装板（含紧固件）	1 套
热继电器	JR20—16	1 个
常用工具	带绝缘柄的钢丝钳、绝缘垫、螺钉旋具	1 套
游标卡尺	SF2000	1 个
万用表	MF47 型或其他	1 个
综合安全性能测试仪	安全性能综合测试系统 AN9640STS	1 个

第二部分　知识链接

1. 热继电器

热继电器是一种利用电流的热效应原理来工作的保护电器。专门用来对连续运转的电动机进行过载及断相保护，以防电动机过热而烧毁。电动机在实际运行中，常遇到过载情况，若过载不太大，时间较短，只要电动机绕组的温升不超过允许值，这种过载是允许的；但过载时间过长，绕组温升超过了允许值，这将会加剧绕组老化，缩短电动机的使用寿命，严重时甚至会使电动机绕组烧毁。因此，凡是长期运行的电动机必须设置过载保护。

1）热继电器的结构和工作原理

热继电器种类很多，应用最广泛的是基于双金属片的热继电器，如图 1-52 所示为双金属片热继电器的外形及结构原理图。它主要由热元件、双金属片和触头 3 部分组成。热继电器的常闭触点串联在被保护的二次回路中，它的热元件由电阻值不高的电热丝或电阻片绕成，串联在电动机或其他用电设备的主电路中。靠近热元件的双金属片，是用两种不同膨胀系数的金属经机械辗压而成，为热继电器的感测元件。

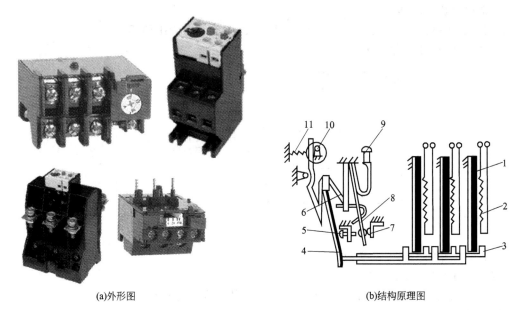

(a)外形图　　　　　　　　　　　　　　　(b)结构原理图

图 1-52　双金属片热继电器外形图及结构原理图

1—主双金属片；2—电阻丝；3—导板；4—补偿双金属片；5—螺钉；6—推杆；
7—静触头；8—动触头；9—复位按钮；10—调节凸轮；11—弹簧

当电动机正常运行时，热元件产生的热量虽能使双金属片弯曲，但还不足以使继电器动作。若电动机长时间过载，流过热元件的电流增大，热元件产生的热量增加，使双金属片产生的弯曲位移增大，推动导板运动，常闭触点分断，以切断电路保护电动机。

热继电器在保护形式上分为二相保护和三相保护两类。二相保护式的热继电器内装有 2 个发热元件，分别串入三相电路中的两相，常用于三相电压和三相负载平衡的电路中。三相保护式热继电器内装有 3 个发热元件，分别串入三相电路中的每一相，其中任意一相过载，都会使热继电器动作，常用于三相电源严重不平衡或三相负载严重不平衡的场合。

2）热继电器的保护特性

热继电器的保护特性即电流—时间特性，也称安秒特性。为了适应电动机的过载特性而又起到过载保护作用，要求热继电器具有如同电动机过载特性那样的反时限特性。电动机的过载特性和热继电器的保护特性如图 1-53 所示。

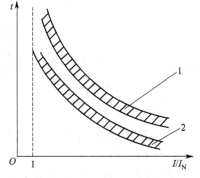

图 1-53　电动机的过载特性和
热继电器的保护特性
1—电动机的过载特性；
2—热继电器的保护特性

　　因各种误差的影响,电动机的过载特性和热继电器的保护特性都不是一条曲线,而是一条带。误差越大带越宽;误差越小,带越窄。

　　由图 1-53 可以看出,在允许温升条件下,当电动机过载电流小时,允许电动机的通电时间长些;反之,允许的通电时间要短。为了既充分发挥电动机的过载能力又能实现可靠保护,要求热继电器的保护特性应在电动机过载特性的邻近下方,这样,如果发生过载,热继电器就会在电动机未达到其允许过载极限时间之前动作,切断电源,使之免遭损坏。

　　3) 常用的热继电器

　　常用的热继电器有 JR0、JR14、JR15、JR16、JR20 及 JRS1 等系列。

　　热继电器的型号及含义如图 1-54 所示。

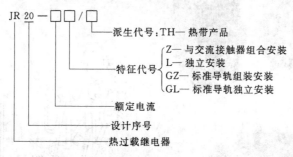

图 1-54　热继电器的型号及含义

　　4) 热继电器的主要技术参数

　　热继电器的主要技术参数有以下几种。

　　(1) 热继电器额定电流:指可以安装的热元件的最大整定电流。

　　(2) 相数。

　　(3) 热元件额定电流:指热元件的最大整定电流。

　　(4) 整定电流:指长期通过热元件而不引起热继电器动作的最大电流。按电动机额定电流整定。

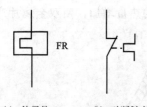

(a) 热元件　　(b) 动断触点

图 1-55　热继电器的图
形符号及文字符号

　　(5) 调节范围:是指手动调节整定电流的范围。

　　5) 热继电器的选择

　　(1) 根据实际要求确定热继电器的结构类型。

　　(2) 根据电动机的额定电流来确定热继电器的型号、热元件的电流等级和整定电流。

　　6) 热继电器的图形及文字符号

　　热继电器的图形及文字符号如图 1-55 所示。

2. 热继电器的故障诊断与检修

　　1) 热继电器的使用与维护

　　(1) 安装前应检查热继电器的铭牌数据,检查热继电器的可动部分动作是否灵活,并清除部件表面污垢。

　　(2) 运行中检查负荷电流是否和热元件的额定值相配合;热继电器与外头联接点有无过热现象;检查与热继电器联接的导线截面是否满足要求,有无因发热而影响热元件正常工作的现象;检查继电器的运行环境温度有无变化,温度有无超过允许范围(-30~40℃);检查热继电器周围环境温度与被保护设备周围环境温度差值,若超出+25℃(-25℃)时,应调换大一号等级热元件(或小一号等级的热元件)。

（3）热继电器的方向应与规定方向相同，一般倾斜度不得超过5°。

（4）不能自行改动热元件的安装位置，以保证动作间隙的正确性。

（5）由于热继电器具有很大的热惯性，因此，不能作为线路的短路保护，必须另装熔断器作短路保护。

（6）经常检查动作机构，保证可靠灵活，调整部件不得松动。

（7）检查热元件是否良好，只能打开盖子从旁边察看，不得将热元件拆下来，如需拆下，装好后应重新通电试验。

（8）使用中定期用布擦净尘埃和污垢，双金属片要保持原有的金属光泽，如上面有锈迹，可用布蘸汽油轻轻擦除，不得用砂纸磨光。

（9）在使用过程中，每年应进行一次通电校验，当设备发生事故而引起巨大短路电流后，应检查热元件和双金属处有无显著的变形，若已产生变形，则就更换部件。因热元件变形或其他原因致使动作不准确时，只能调整其可调部件，绝不能弯折热元件。

2）热继电器的常见故障及处理

热继电器的常见故障有热元件烧坏、误动作和不动作。热继电器的常见故障与处理方法见表1-39。

表1-39　热继电器的常见故障与处理

序号	故障现象	产生原因	处理方法
1	误动作	(1)整定值偏小 (2)电动机启动时间过长 (3)反复短时工作，操作次数过高 (4)强烈的冲击振动 (5)联接导线太细	(1)合理调定整定值 (2)从线路上采取措施，启动过程中使热继电器短接 (3)调换合适的热继电器 (4)调换导线
2	不动作	(1)整定值偏大 (2)触点接触不良 (3)热元件烧断或脱掉 (4)运动部分卡阻 (5)导板脱出 (6)联接导线太粗	(1)调整整定值 (2)清理触点表面 (3)更换热元件或补焊 (4)排除卡阻，但不随意调整 (5)检查导板 (6)调换导线
3	热元件烧坏	(1)负载侧短路，电流过大 (2)反复短时工作，操作次数过高 (3)机械故障	(1)排除短路故障及更换热零件 (2)调换热继电器 (3)排除机械故障及更换热元件
4	热继电器动作不稳定，时快时慢	(1)热继电器内部机构某些部件松动 (2)在检修中弯折了双金属片 (3)通电电流波动太大，或接线螺钉松动	(1)将这些部件加以坚固 (2)用大电流预试几次或将双金属片拆下来热处理(一般约为240℃)以去除内应力 (3)检查电源或拧紧螺钉
5	主电路不通	(1)热元件烧断 (2)接线螺钉松动或脱落	(1)更换热元件或热继电器 (2)紧固接线螺钉
6	控制电路不通	(1)触头烧坏或触头弹簧片弹性消失 (2)可调整式旋钮转到不合适位置 (3)热继电器动作后未复位	(1)更换触头和簧片 (2)调整旋钮或螺钉 (3)按动复位按钮

第三部分　技能训练

训练内容：检验型号为JR20—16的热继电器。

1. 任务描述

根据表1-37送检单，依据相关标准拟制检验工艺文件，对实物进行检验并判定实物是否合格。

2. 实训内容及操作步骤

① 用搜索引擎搜索"标准技术网"查找相关标准；

② 根据技术标准拟制热继电器的检验工艺文件；

③ 按拟制的工艺卡片的检验项目对型号为 JR20—16 的热继电器进行检验。

第四部分　总结提高

（1）认真总结学习过程，提交热继电器的检验工艺文件。

（2）根据本任务所掌握的知识和技能回答下列问题。

① 简述热继电器的主要结构和工作原理。

② 热继电器在电路中的作用是什么？带断相保护的三相式热继电器用在什么场合？

③ 电动机启动电流很大，当电动机启动时，热继电器是否会动作？为什么？

④ 选一个热继电器进行拆卸，认识内部主要零部件，测量并填写表 1-40。

表 1-40　热继电器的拆卸与测量记录表

型　号		主要零部件	
		名称	作用
触点数			
常开触点	常闭触点		
热元件的电阻值			
U 相	V 相	W 相	
整定电流的调整值			

任务四　检验速度继电器

任务单：速度继电器送检单（表 1-41）

××××有限公司

表 1-41　供应物资流转凭证

仓库名称	□配套库		□化工库					
供货厂家	××××有限公司		凭证编号					
物资名称	速度继电器		规格型号	JFZ0—2				
送检日期			入库日期					
计量单位	只	送检数量			入库数量			
采购员	检验员	审核	保管员					

第一部分　目的与要求

1. 知识目标

掌握速度继电器的结构、动作原理、主要参数、图形符号、文字符号等。

2. 技能目标

掌握速度继电器的选择、安装与检验。

3. 需要准备的设备、工具与器材（表 1-42）

表 1-42　任务所需设备、工具与器材

名　　称	型 号 或 规 格	数　　量
电器安装板	通用电器安装板(含紧固件)	1 套
速度继电器	JFZ0—2	1 个
常用工具	带绝缘柄的钢丝钳、绝缘垫、螺钉旋具	1 套
游标卡尺	SF2000	1 个
万用表	MF47 型或其他	1 个
综合安全性能测试仪	安全性能综合测试系统 AN9640STS	1 个

第二部分　知识链接

1. 速度继电器

速度继电器又称反接制动继电器，主要用于鼠笼式异步电动机的反接制动控制。

1）速度继电器的结构和工作原理

速度继电器主要由转子、定子和触头三部分组成，转子是一个圆柱形永久磁铁，定子是一个笼型空心圆环，由硅钢片又叠成，并装有笼型绕组。

如图 1-56 所示为感应式速度继电器的结构原理图。其转子的轴与被控制电动机的轴联接，而定子空套在转子上。当电动机转动时，速度继电器的转子随之转动，定子内短路导体便切割磁场，产生感应电动势，从而产生电流；此电流与旋转的转子磁场作用产生转矩，使定子开始转动；当转到一定角度时，装在轴上的摆捶推动簧片动作，使常闭触头分断，常开触头闭合。当电动机转速低于某一值时，定子产生的转矩减小，触头在弹簧作用下复位。

2）速度继电器的分类

常用的速度继电器有 JY1 和 JFZ0 两种类型。一般速度继电器的动作转速为 120 r/min，当转速低于 100r/min 时触点复位，转速在 3000r/min 以下时，速度继电器能可靠工作。

速度继电器的型号及含义如图 1-57 所示。

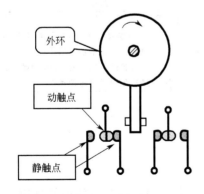

图 1-56　感应式速度继电器的结构原理

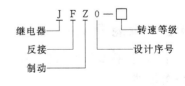

图 1-57　速度继电器的型号及含义

3）速度继电器的选择

速度继电器的主要根据电动机的额定转速选择。

4）速度继电器的图形及文字符号

速度继电器的图形及文字符号如图 1-58 所示。

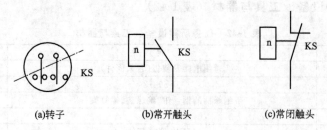

(a)转子　　　　　(b)常开触头　　　　　(c)常闭触头

图 1-58　速度继电器的图形及文字符号

2. 速度继电器的故障诊断与检修

1) 速度继电器的使用与维护

(1) 速度继电器在使用前,应使其旋转几次,看其转动是否灵活,胶木摆杆是否灵敏。

(2) 使用速度继电器时,应将其转子装在被控电动机的同一根轴上,使两轴的中心线重合。

(3) 速度继电器安装接线时,将其常开触头串联在控制电路中,通过控制接触器就能实现反接制动。应注意正反向触头不能接错,否则不能实现反接制动。

(4) 速度继电器的金属外壳应可靠接地。速度继电器主要根据电动机的额定转速选择。

(5) 注意速度继电器在运行中的声音是否正常、温升是否过高、紧固螺钉是否松动,以防止将继电器的转轴扭弯或将联轴器的销子扭断。

(6) 拆卸时要仔细,不能用力敲击继电器的各个部件。抽出转子时为防止永久磁铁退磁,要设法将永久磁铁短路。

2) 速度继电器的常见故障及处理

速度继电器的常见故障与处理方法见表 1-43。

表 1-43　速度继电器的常见故障与处理

序号	故障现象	产生原因	处理方法
1	反接制动时速度继电器失效,电动机不制动	(1)胶木摆杆断裂 (2)触头接触不良 (3)弹性动触片断裂或失去弹性 (4)笼型绕组开路	(1)更换胶木摆杆 (2)清洗触头表面油污 (3)更换弹性动触片 (4)更换笼型绕组
2	电动机不能正常制动	速度继电器的弹性动触片调整不当	重新调试调整螺钉 (1)将调整螺钉向下旋,弹性动触弹性增大,速度较高时继电器才动作 (2)将调整螺钉向上旋,弹性动触片弹性减小,速度较低时继电器即动作

第三部分　技能训练

训练内容:检验型号为 JFZ0—2 的速度继电器。

1. 任务描述

根据表 1-41 送检单,依据相关标准拟制检验工艺文件,对实物进行检验并判定实物是否合格。

2. 实训内容及操作步骤

① 用搜索引擎搜索"标准技术网"查找相关标准;

② 根据技术标准拟制速度继电器的检验工艺文件;

③ 按拟制的工艺卡片的检验项目对型号为 JFZ—2 的速度继电器进行检验。

第四部分　总结提高

（1）认真总结学习过程，提交按钮的检验工艺文件。

（2）根据本任务所掌握的知识和技能回答下列问题。

① 什么是速度继电器？

② 如何选用速度继电器？

模块五　熔断器的检验

任务　检验熔断器

任务单：熔断器送检单（表1-44）

×××× 有限公司

表1-44　供应物资流转凭证

仓库名称	□配套库		□化工库						
供货厂家	×××× 有限公司		凭证编号						
物资名称	熔断器		规格型号	RL1—15/2					
送检日期			入库日期						
计量单位	只	送检数量			入库数量				

采购员：　　　　　检验员：　　　　　审核：　　　　　保管员：

第一部分　目的与要求

1. 知识目标

① 熟悉熔断器的概念、分类；

② 掌握熔断器的结构、动作原理、主要参数、图形符号、文字符号等。

2. 技能目标

掌握熔断器的选择、安装与检验。

3. 需要准备的设备、工具与器材（表1-45）

表1-45　任务所需设备、工具与器材

名　　称	型号或规格	数　　量
电器安装板	通用电器安装板（含紧固件）	1套
熔断器	RL1—15/2	1个
常用工具	带绝缘柄的钢丝钳、绝缘垫、螺钉旋具	1套
游标卡尺	SF2000	1个
万用表	MF47型或其他	1个
综合安全性能测试仪	安全性能综合测试系统 AN9640STS	1个

第二部分　知识链接

1. 熔断器

熔断器是一种利用物质过热熔化的性质制作的保护电器。当电流超过规定值一定时间后，以它本身产生的热量使熔体熔化而分断电路。在使用时，熔断器串联在所保护的电路中，作为电路及用电设备的短路和严重过载保护，主要用做短路保护。

1) 熔断器的结构和分类

熔断器主要由熔体（俗称保险丝）和安装熔体的熔管（或熔座）两部分组成。熔体由易熔金属材料（铅铜）及合金制成，通常作成丝状或片状。熔管是装熔体的外壳，由陶瓷、绝缘钢纸或玻璃纤维制成，在熔体熔断时兼有灭弧作用。熔断器按结构分有半封闭瓷插式、螺旋式、无填料封闭管式和有填料封闭管式几种形式，如图1-59所示。

(a)螺旋式熔断器

(b)半封闭瓷插式熔断器　　　(c)有填料封闭管式熔断器

图 1-59　熔断器外形图

常用典型熔断器有 RL6、RL7 系列螺旋式熔断器、RC1A 系列瓷插式熔断器、RM10 系列无填料封闭管式熔断器、RT12、RT15 和 RT14 系列有填料封闭式熔断器、RZ1 型自复式熔断器以及 RS、NGT 和 CS 系列快速熔断器等。

熔断器的型号及含义如图1-60所示。

图 1-60　熔断器的型号及含义

2) 熔断器的反时限保护特性

熔断器的熔体与被保护的电路串联。当电路正常工作时，熔体允许通过一定大小的电流而不熔断。当电路发生短路或严重过载时，熔体中流过很大的故障电流，当电流产生的热量达到熔体的熔点时，深体熔断而切断电路，从而达到保护目的。

电流通过熔体产生的热量与电流的平方和电流通过的时间成正比，因此，电流越大，则熔体熔断的时间越短，这称为熔断器的反时限保护特性。

熔断器的反时限特性如图1-61所示。

3）熔断器的主要技术参数

熔断器的主要技术参数有额定电压、额定电流、熔体额定电流、极限分断能力等。其中，极限分断能力是指熔断器在规定的额定电压和功率因素（时间常数）的条件下，能分断的最大电流值。所以，极限分断能力也是反映了熔断器分断短路电流的能力。

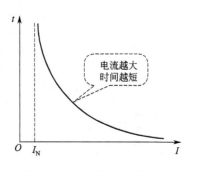

图1-61 熔断器的反时限特性

4）熔断器的选择

选择熔断器时主要注意以下几点。

（1）根据安装环境选择熔断器的形式；

（2）熔断器的额定电压大于等于安装地点的线路电压；

（3）熔断器的额定电流大于等于内部熔丝的额定电流，熔丝的额定电流由被保护线路或设备类型确定；

（4）熔断器的分断能力大于电路出现的最大故障电流；

（5）前后熔断器之间符合选择性配合原则，即电路故障时，据故障点最近的电源侧熔断器断开，使故障影响面最小。

5）熔断器的图形及文字符号

熔断器的图形及文字符号如图1-62所示

2. 熔断器的故障诊断与检修

1）熔断器的使用与维护

（1）安装熔断器除保证足够的电气距离外，还应保证足够的间距，以保证拆卸、更换熔体方便。

（2）安装与维护时都应检查熔断器各个参数是否符合规定要求。

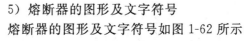

图1-62 熔断器的图形及文字符号

（3）插入式熔断器应垂直安装，螺旋式熔断器的电源线按在瓷底座的下接线座上，负载线应接在螺纹壳的上接线座上。这样在更换管时，旋出螺帽后螺纹壳上不带电，保证操作者的安全。

（4）熔断器内要安装合格的熔体，不能用多根小规格熔体并联代替一根大规格的熔体。

（5）安装与更换熔体时必须保证熔体不能有机械损伤，与底座触刀接触良好。

（6）安装引线要有足够的截面积，而且应拧紧接线螺钉，避免接触不良。

（7）在运行中应经常检查熔断器的指示器，以便及时发现，更换熔体。

（8）封闭管式熔断器的熔管，不允许用其他的绝缘管来替代，更不允许随意在其上钻孔。如遇到短路动作后熔管的管壁有烧焦现象，则熔管必须更换。

（9）熔断器的插入与拔出要用规定的把手，在断电的情况下更换。

（10）使用过程中应经常清除熔断器上及导电插座上的灰尘和污垢。

（11）熔断器兼做隔离器件使用时应安装在控制开关的电源进线端；若仅做短路保护用，应安装在控制开关的出线端。

2）熔断器的常见故障及处理

熔断器一般熔体在小截面处熔断，且熔断部位较短，这是由过负荷引起；而大截面剖面部位被熔化无遗、熔丝爆熔或熔断部位很长，一般由短路引起。

熔断器的常见故障与处理方法见表1-46。

表 1-46 熔断器的常见故障与处理

序号	故障现象	产生原因	处理方法
1	误熔断	(1)动、静触头(RC1型),触片与插座(RM1型),熔体与底座(RL1型)接触不良,使接触部位过热 (2)熔体氧化腐蚀或安装时有机械损伤,使熔体截面变小,电阻增加 (3)熔断器周围介质温度与被保护对象介质温度相差太大	(1)整修动、静接触部位 (2)更换熔体 (3)加强通风
2	管体(瓷插座)烧损、爆裂	熔管里的填料洒落或瓷插座的隔热物(石棉垫)丢掉	安装时要认真细心,更换熔管
3	熔体未熔但电路不通	熔体两端接触不良	加固接触面

第三部分　技能训练

训练内容:检验型号为 RL1—15/2 的熔断器。

1. 任务描述

根据表 1-44 送检单,依据相关标准拟制检验工艺文件,对实物进行检验并判定实物是否合格。

2. 实训内容及操作步骤

① 用搜索引擎搜索"标准技术网"查找相关标准;

② 根据技术标准拟制熔断器检验工艺文件;

③ 按拟制的工艺卡片的检验项目对型号为 RL1—15/2 的熔断器进行检验。

第四部分　总结提高

(1) 认真总结学习过程,提交熔断器的检验工艺文件。

(2) 根据本任务所掌握的知识和技能回答下列问题。

① 使用熔断器应注意什么?

② 什么是熔断器安秒特性?

③ 熔断器的主要作用是什么?常用的类型有哪几种?

④ 在电动机的主电路中装有熔断器,为什么还要装热继电器?能否用热继电器替代熔断器起保护作用?

学习情境二　全压启动控制环节的连接与检查

【学习内容】

三相异步电动机结构、原理、铭牌数据、机械特性和启动方式；绘制电气原理图、接线图和电器安装图的原则；三相异步电动机点动、直接启动和正反转线路的工作原理及其安装、调试与维修方法。

【学习目标】

了解三相异步电动机结构、原理、名牌数据、机械特性和启动方式；能够绘制、识读电气图；能够完成常用电气控制元件和保护元件的选择；能够制作常用电动机全压启动点动、连动和正反转线路，并进行故障诊断和排除；学会制作和检修技术文件的整理与记录等工作。

任务一　电动机点动和直接启动控制电路的连接与检查

任务单：电动机点动和直接启动控制电路制作任务单（表 2-1）

××××有限公司

表 2-1　车间日生产任务作业卡

班组：　　　　　　　　　　　　　　　　　　　　　　　　　　　　　　　年　月　日

生产品种	计划生产数		实际完成数	
	上线	下线	上线	下线
点动和直接启动控制电路				

计划下达人：　　　　　　　　　　　　　　　　　　　　　　　　　　　　班组长：

第一部分　目的与要求

1. 知识目标

① 了解三相异步电动机的结构、原理、名牌数据、机械特性和启动方式；

② 了解电气原理、接线图和电器安装图的原则；

③ 掌握三相异步电动机点动和直接启动控制电路的工作原理。

2. 技能目标

① 能够绘制三相异步电动机点动和直接启动控制电路的原理图、接线图；

② 能够编制制作电路的安装工艺计划；

③ 会按照工艺计划进行线路的安装、调试和检修；

④ 会作检修记录。

第二部分　知识链接

1. 异步电动机

1）认识异步电动机

电动机是电动机和发电机的统称，是一种实现电能量转换的电磁装置。拖动生产机械，将电能转换为机械能的电动机称为电动机；作为电源，将机械能转化电能的电动机称为发电机。由于电流有交流电动机和直流电动机两大类。在交流电动机中，根据电动机工作原理的不同，又有异步电动机与同步电动机之分。

（1）异步电动机的结构与原理

异步电动机是通过一旋转的磁场，与转子绕组内所感生的电流相互作用，而产生电磁转矩来实现转动。所谓旋转磁场就是一种极性和大小不变，且以一定转速旋转的磁场。从理论分析和实践证明，在对称三相绕组中流过对称三相交流电时会产生这种旋转磁场。

所谓三相对称绕组就是 3 个外形、尺寸、匝数都完全相同，首端彼此互隔 120°，对称地放置到定子槽内的 3 个独立的绕组。由电网提供的三相电压是对称的三相电压，由于对称三相绕组组成的三相负载是对称三相负载，每相负载的复阻抗都相等，所以流过三相绕组的电流也必定是对称三相电流。

对称三相电流的函数式表示为

$$i_u = I_m \sin\omega t$$
$$i_v = I_m \sin(\omega t - 120°) \tag{2-1}$$
$$i_w = I_m \sin(\omega t + 120°)$$

注意，旋转磁场的旋转方向是由通入三相绕组中的电流的相序决定的。当通入三相对称绕组的对称三相电流的相序发生改变时，即将三相电源中的任意两相绕组接线互换，旋转磁场的方向就会改变方向。旋转磁场的转速为

$$n_1 = \frac{f_1}{p}(\text{r/s}) = \frac{60 f_1}{p}(\text{r/min}) \tag{2-2}$$

式中，f_1 为交流电的频率（Hz）；p 为磁极对数。

用 n_1 表示的旋转磁场的转速，称为同步转速，简称同步速。

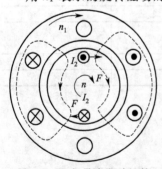

图 2-1　三相异步电动机的
工作原理

① 三相异步电动机的工作原理。如图 2-1 所示是三相异步电动机的工作原理图。定子上装有对称三相绕组，当定子接通三相电源后，即在定、转子之间的气隙内建立了一同步转速为 n_1 的旋转磁场。磁场旋转时将切割转子导体，根据电磁感应定律可知，在转子导体中将产生感应电动势，其方向可由右手定则确定。磁场顺时针方向旋转，导体相对磁极为逆时针方向切割磁力线。转子上半边导体感应电动势的方向向外，用 ⊙ 表示；下半边导体感应电动势的方向向内，用 ⊗ 表示。因转子绕组是闭合的，转子导体中产生电流，电流方向与感应电动势的方向相同。载流导体在磁场中要受到电磁力，其方向由左手定则确定，如图 2-1 所示。这样，在转子导条上形成一个顺时针方向的电子转矩，于是转子就随着旋转磁场顺时针方向转动。从工作原理看，不难理解三相异步电动机为什么又称感应电动机了。

综上所述，三相异步电动机能够转动的必备条件之一是电动机的定子必须产生一个在空间不断旋转的旋转磁场，二是电动机的转子必须是闭合导体。

转子的旋转方向与旋转磁场的转向相同，但转子的转速 n 不能等于旋转磁场的同步速

n_1，否则磁场与转子之间便无相对运动，转子就不会有感应电势、电流与电磁转矩，转子也就根本不可能转动了。因此，异步电动机的转子转速 n 总是略小于旋转磁场的同步速 n_1，即与旋转磁场"异步"地转动，所以称这种电动机为"异步"电动机。若三相异步电动机带上机械负载，负载转矩越大，则电动机的"异步"程度也越大。在分析中，用"转差率"这个概念来反映"异步"的程度。n_1 与 n 之差称为"转差"。转差是异步电动机运行的必要条件，其与同步速之比称为"转差率"，用 s 表示。

$$s = \frac{n_1 - n}{n_1} \qquad (2\text{-}3)$$

转差率是异步电动机的一个基本参量。一般情况下，异步电动机的转差率变化不大，空载转差率在 0.005 以下，满载转差率为 0.02～0.06。可见，额定运行时异步电动机的转子转速非常接近同步转速。

例 2-1　已知一台四极三相异步电动机转子的额定转速为 1430r/min，求它的转差率。

解：同步转速

$$n_1 = \frac{60 f_1}{p} = \frac{60 \times 50}{2} = 1500(\text{r/min})$$

转差率

$$s = \frac{n_1 - n}{n_1} = \frac{1500 - 1430}{1500} = 0.047$$

例 2-2　已知一台异步电动机的同步转速 $n_1 = 1000\text{r/min}$，额定转差率 $s_N = 0.03$，问该电动机的额定运行时转速是多少？

解：由式（2-3）可得

$$n_N = n_1(1 - s_N) = 1000\text{r/min} \times (1 - 0.03) = 0.047$$

② 三相异步电动机的基本结构。三相异步电动机主要有定子和转子两大部分组成，定子与转子之间是气隙，如图 2-2 所示。

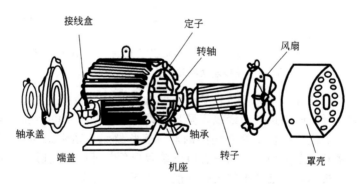

图 2-2　笼型三相异步电动机的结构

a. 异步电动机的定子。异步电动机的定子是由机座、定子铁芯和定子绕组三部分组成。

（a）机座。机座的作用主要是为了固定与支撑定子铁芯，必须具备足够的机械强度和刚度。另外机座也是电动机磁路的一部分。中小型异步电动机通常采用铸铁机座，并根据不同的冷却方式采用不同的机座型式。对大型电动机，一般采用钢板焊接机座。

（b）定子铁芯。定子铁芯是异步电动机磁路的一部分，铁芯内圆上冲有均匀分布的槽，用以嵌放定子绕组，如图 2-3 所示。为降低损耗，定子铁芯用 0.5mm 厚的硅钢片叠装而成，硅钢片的两面涂有绝缘漆。

（c）定子绕组。定子绕组是三相对称绕组，当通入三相交流电时，能产生旋转磁场，并与转子绕组相互作用，实现能量的转换与传递。

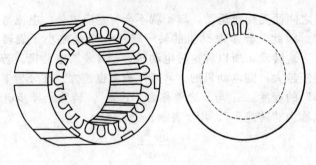

(a) 定子铁芯　　　　　　(b) 定子铁芯冲片

图 2-3　异步电动机定子铁芯及冲片

b. 异步电动机的转子。异步电动机的转子是电动机的转动部分，由转子铁芯、转子绕组及转轴等部件组成。它的作用是带动其他机械设备旋转。

（a）转子铁芯。转子铁芯的作用和定子铁芯的作用相同，也是电动机磁路的一部分，在转子铁芯外圆均匀的冲有许多槽，用来嵌放转子绕组。转子铁芯也是用 0.5mm 的硅钢片叠压而成的，整个转子铁芯固定在转轴上。如图 2-4 所示是转子铁芯冲片槽形图。

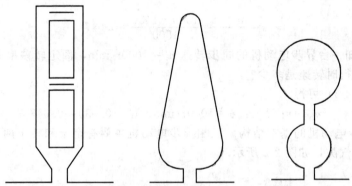

(a) 绕线式异步电动机转子槽形　　(b) 单笼型转子槽形　　(c) 双笼型转子槽形

图 2-4　异步电动机转子铁芯冲片槽形图

（b）转子绕组。三相异步电动机按转子绕组的结构可分为绕线式转子和笼型转子两种。

根据转子的不同，异步电动机分为绕线式异步电动机和笼型异步电动机。绕线式转子绕组与定子绕组相似，也是嵌放在转子铁芯槽内的对称三相绕组，通常采用 Y 形接法。转子绕组的 3 条引线分别接到 3 个滑环上，用一套电刷装置以便与外电阻接通。一般把外接电阻串入转子绕组回路中，用以改善电动机的运行性能，如图 2-5 所示。

笼型转子绕组与定子绕组大不相同，它是一个短路绕组。在转子的每个槽内放置一根导条，每根导条都比铁芯长，在铁芯的两端用两个铜环将所有的导条都短路起来。如果把转子铁芯去掉，剩下的绕组形状像个松鼠笼，因此称为笼型转子。槽内导条材料有铜的，也有铝的，如图 2-6 所示。

c. 气隙。异步电动机的气隙比同容量的直流电动机的气隙要小得多。中型异步电动机的气隙一般为 0.12～2mm。

异步电动机的气隙过大或过小都将对异步电动机的运行产生不良影响。　因为异步电动机的励磁电流是由定子电流提供的，气隙大磁阻也大，要求的励磁电流也就大，从而降低了异步电动机的功率因数。为了提高功率因数，应尽量让气隙小些。但也不能过小，否则，在装配时会比较困难，转子还有可能与定子发生机械摩擦。另外，从减少附加损耗及高次谐波

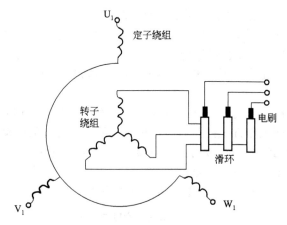

图 2-5　绕线式异步电动机定、转子绕组接线方式

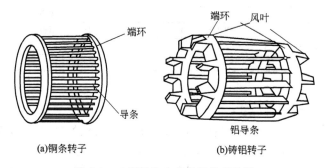

图 2-6　三相异步电动机的笼型转子

磁势产生的磁通来看，气隙大点又有好处。

（2）三相异步电动机的铭牌

异步电动机的机座上都有一个铭牌，铭牌上标有型号和各种额定数据。

① 型号。为了满足工农业生产的不同需要，我国生产了多种型号的电动机，每一种型号代表一系列电动机产品。同一系列电动机的结构、形状相似，零部件通用性很强，容量是按一定比例递增的。

型号是选用产品名称中最有代表意义的大写字母及阿拉伯数字表示的。例如，Y 表示异步电动机，R 代表绕线式，D 表示多速等，如图 2-7 所示。

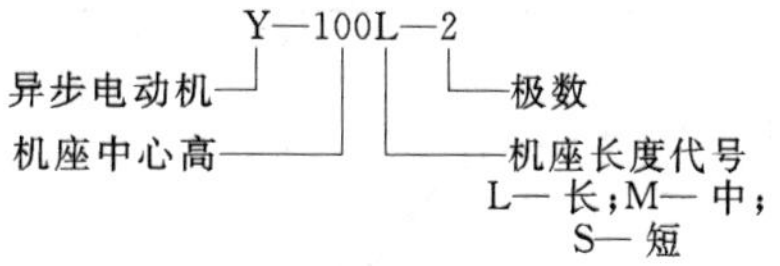

国产异步电动机的主要系列有以下两种。

图 2-7　异步电动机型号的表示

（a）Y 系列：为全封闭、自扇风冷、笼型转子异步电动机。该系列具有高效率、启动转矩大、噪声低、振动小、性能优良和外形美观等优点。

（b）DO_2 系列：为微型单相电容运转式异步电动机。广泛用作录音机、家用电器、风扇、记录仪表的驱动设备。

② 额定值。额定值是设计、制造、管理和使用电动机的依据。

（a）额定功率 P_N——是指电动机在额定负载运行时，轴上所输出的机械功率，单位 W 和 kW。

（b）额定电压 U_N——是指电动机正常工作时，定子绕组所加的线电压，单位 V。

（c）额定电流 I_N——是指电动机输出功率时，定子绕组允许长期通过的线电流，单位 A。

(d) 额定频率 f_N——我国的电网频率为 50Hz。

(e) 额定转速 n_N——是指电动机在额定状态下，转子的转速，单位 r/min。

(f) 绝缘等级——是指电动机所用绝缘材料的等级。它规定了电动机长期使用时的极限温度与温升。温升是绝缘允许的温度减去环境温度（标准规定为 40℃）和测温时方法上的误差值（一般为 5℃）。

(g) 工作方式——电动机的工作方式分为连续工作制、短时工作制与断续周期工作制 3 类，选用电动机时，不同工作方式的负载应选用对应的工作方式的电动机。

此外，铭牌上还标明绕组的相数与接法（接成 Y 形或△形）等。对绕线式转子异步电动机，还标明转子的额定电势及额定电流。

③ 铭牌举例。以 Y 系列三相异步电动机的铭牌为例，见表 2-2。

表 2-2　Y 系列三相异步电动机的铭牌

三 相 异 步 电 动 机					
型号	Y90L-4	电压	380V	接法	Y
功率	1.5kW	电流	3.7A	工作方式	连续
转速	1400r/min	功率因数	0.79	温升	75℃
频率	50Hz	绝缘等级	B	出厂年月	×年×月
×××电动机厂		产品编号		重量	kg

2) 异步电动机的拖动方式

(1) 三相异步电动机的机械特性。

三相异步电动机的机械特性是指在一定条件下，电动机的转速与转矩之间的关系，即 $n=f(T)$。因为异步电动机的转速 n 与转差率 s 之间存在一定的关系，异步电动机的机械特性也可用 $T=f(s)$ 的形式表示，称 $T—s$ 曲线，如图 2-8 所示。

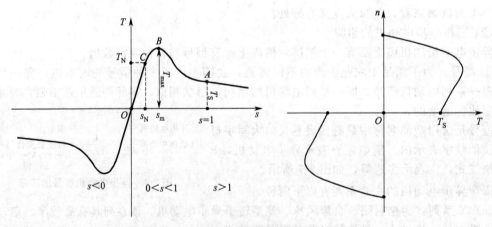

图 2-8　三相异步电动机的机械特性曲线

异步电动机的固有机械特性是指在额定电压和额定频率下，按规定方式接线，定、转子外接电阻为零时，电磁转矩 T 与转差率 s 的关系，即 $T=f(s)$ 曲线。

对曲线上的几个特殊点的分析如下。

① 启动点 A。电动机接入电网，开始转动的瞬间轴上产生的转矩称为电动机启动转矩（又称堵转转矩）。只有当启动转矩 T_S 大于负载转矩 T_L 时，电动机才能启动。通常称启动转矩与额定电磁转矩的比值为电动机的启动转矩倍数，用 K_T 表示，$K_T=T_S/T_N$。它表示启动转矩的大小，是异步电动机的一项重要指标，对于一般的笼型异步电动机，启动转矩倍数 K_T 为 0.8~1.8。

② 临界点 B。一般电动机的临界转差率为 $0.1\sim0.2$，在 s_m 下，电动机产生最大电磁转矩 T_m。

电动机经常工作在不超过额定负载的情况下。但在实际运行中，负载免不了会发生波动，出现短时超过额定负载转矩的情况。如果最大电磁转矩大于波动时的峰值，电动机还能带动负载，否则便带不动。最大转矩 T_m 与额定转矩 T_N 之比为过载能力 λ，它也是异步电动机的一个重要指标，一般 $\lambda=1.6\sim2.2$。

③ 同步点 O。在理想电动机中，$n=n_1$，$s=0$，$T=0$。

④ 额定点 C。异步电动机稳定运行区域为 $0<s<s_m$。为了使电动机能够适应在短时间内过载而不停转，电动机必须留有一定的过载能力，额定运行点不宜靠近临界点，一般 $s_N=0.02\sim0.06$。

异步电动机额定电磁转矩 T 等于空载转矩 T_0 加上额定负载转矩 T_N，即 $T=T_0+T_N$，此时电动机处于稳定运行状态；当 $T<T_0+T_N$ 时，电动机减速；当 $T>T_0+T_N$ 时，电动机加速。

因空载转矩比较小，有时认为稳定运行时，额定电磁转矩等于额定负载转矩。额定负载转矩可从铭牌数据中求得，即

$$T_N=9550\frac{P_L}{n_N} \tag{2-4}$$

式中，T_N 为额定负载转矩，$N\cdot m$；P_N 为额定功率，kW；n_N 为额定转速，r/min。

(2) 三相异步电动机的启动方式。

三相异步电动机的启动就是转子转速从零开始到稳定运行为止的这个过程。衡量异步电动机启动性能的好坏要从启动电流、启动转矩、启动过程的平滑性、启动时间及经济性等方面来考虑，其中最主要的是电动机应有足够大的启动转矩；在保证一定大小的启动转矩的前提下，启动电流越小越好。

异步电动机在刚启动时 $s=1$，若忽略励磁电流，则启动电流数值很大，一般用启动电流倍数 K_I 来表示。启动电流倍数是指电动机的启动电流与额定电流的比值，为 $5\sim8$ 倍，即 $K_I=I_S/I_N$。这样大的启动电流，一方面使电源和线路上产生很大的压降，影响其他用电设备的正常运行，使电灯亮度减弱，电动机的转速下降，欠电压继电器保护动作而将正在运转的电气设备断电。另一方面电流很大将引起电动机发热，特别是对频繁启动的电动机，其发热更为厉害。

启动时虽然电流很大，但定子绕组的阻抗压降变大，电压为定值，所以启动转矩并不大。

改善异步电动机的启动性能的方法主要有以下几种。

① 降低定子电压。当定子电压 U_1 降低时，启动电流变小，最大转矩 T_m 与气动转矩 T_S 都随电压平方降低。同步点不变，临界转差率 s_N 与电压无关，也保持不变。其特性曲线如图 2-9 所示。该启动方法用于电动机空载或轻载启动，此时启动转矩不需太大，而启动电流则可以得到较好的控制。

② 转子串适当的电阻。此法适用于绕线转子异步电动机。在转子回路内适当串入一定数值的三相对称电阻时，电动机的启动转矩增大，启动电流减小。但同步点不变，s_m 与转子电阻成正比变化，而最大电磁转矩 T_m 因与转子电阻无关而不变。其机械特性如图 2-10 所示。

异步电动机的常用启动方法有以下几种。

① 直接启动。三相异步电动机在额定电压下启动称为直接启动。直接启动是最简单的启动方法。对于一般小型笼型异步电动机来说，如果电源容量足够大时，应尽量采用直接启

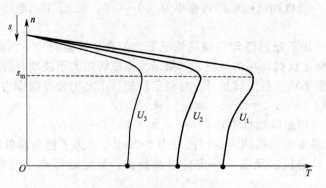

图 2-9　降低定子电压时的机械特性曲线（$U_1 > U_2 > U_3$）

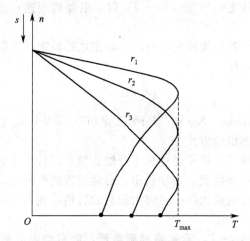

图 2-10　转子串入不同电阻时的机械
特性曲线（$r_1 < r_2 < r_3$）

动方法。对于某一电网，多大容量的电动机才允许直接启动，可按下列经验公式来确定。

$$K_I = \frac{I_S}{I_N} \leqslant \frac{1}{4}\left[3 + \frac{电源总容量(kVA)}{电动机额定功率(kW)}\right] \qquad (2\text{-}5)$$

　　电动机的启动电流倍数 K_I 需符合式（2-5）中电网允许的启动电流倍数，才允许直接启动，否则应采取降压启动。一般 10kW 以下的电动机都可以直接启动。随电网容量的加大，允许直接启动的电动机容量也会变大。

　　启动时用闸刀开关、磁力启动器或接触器将电动机的定子绕组直接接到电源上。直接启动时，启动电流很大，一般选取保险丝的额定电流为电动机额定电流的 2.5～3.5 倍。

　　② 减压启动。电动机直接启动控制电路简单，但当电动机的容量较大时，启动电流较大，可能会影响电动机附近电气设备的正常运行，因此应考虑采用降压启动，减小启动电流。降压启动是指电动机在启动时降低加在定子绕组上的电压，启动结束时加额定电压运行的启动方式。降压启动虽可减小启动电流，但由于电动机的转矩与电压的平方成正比，因此降压启动时电动机的转矩也减小较多，故此法一般适用于电动机空载或轻载启动。

　　减压启动的方法有以下几种。

　　(a) 定子串接电抗器（或电阻）的降压启动。三相异步电动机定子绕组串接电阻启动时，启动电流在电阻上产生电压降，使电动机定子绕组上的电压低于电源电压，启动电流减小。待电动机转速接近额定转速时，再将电阻短接，使电动机在额定电压下运行。串接电阻降压启动一般用于低压电动机。这种启动方式不受电动机接线形式的限制，较为方便，但串联电阻启动时，在电阻上消耗大量电能，所以不宜用于经常启动的电动机上。若用电抗器代替电阻，虽能克服这一缺点，但设备费用较大。

（b）Y—△启动，三相异步电动机定子绕组接为 Y 形时，电动机每相绕组额定电压为定子绕组△形接法的 $1/\sqrt{3}$，电流为△形接法的 $1/3$。因此，对于定子绕组△形接法的笼型异步电动机，在电动机启动时，先将定子绕组接为 Y 形，实行降压启动，减小启动电流。当启动完毕，电动机转速达到稳定转速时，再将定子绕组换接为△形，各相绕组承受额定电压工作，电动机进入正常运转状态，这种降压启动方法称为 Y—△降压启动。Y—△降压启动的工作原理如图 2-11 所示。

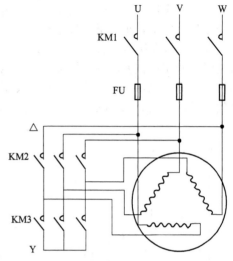

图 2-11　Y—△降压启动工作原理图

设电动机直接启动时，定子绕组接成△形，如图 2-12（a）所示，每相绕组所加电压大小为 $U_1 = U_N$，电流为 $I_\triangle$，则电源输入的线电流为 $I_S = \sqrt{3} I_\triangle$。

若采用 Y 形启动时，如图 2-12（b）所示，每相绕组所加电压为 $U_1' = \dfrac{U_1}{\sqrt{3}} = \dfrac{U_N}{\sqrt{3}}$，电流为 $I_S' = I_Y$；则降压启动电流 I_S' 与直接启动电流 I_S 的关系为

$$\frac{I_S'}{I_S} = \frac{I_Y}{\sqrt{3} I_\triangle} = \frac{U_N/\sqrt{3}}{\sqrt{3} U_N} = \frac{1}{\sqrt{3}} \cdot \frac{1}{\sqrt{3}} = \frac{1}{3} \tag{2-6}$$

即

$$I_S' = \frac{1}{3} I_S \tag{2-7}$$

由此可知，Y—△降压启动时，对供电变压器造成冲击的启动电流时直接启动的 $1/3$。

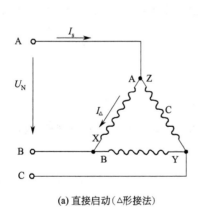

(a) 直接启动（△形接法）

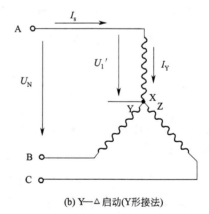

(b) Y—△ 启动（Y形接法）

图 2-12　Y—△启动电流分析图

Y—△降压启动时启动转矩 T_S' 与直接启动时启动转矩 T_S 之间的关系为

$$\frac{T_S'}{T_S} = \left(\frac{U_1'}{U_1}\right)^2 = \frac{1}{3} \tag{2-8}$$

即

$$T_S' = \frac{1}{3} T_S \tag{2-9}$$

因此，采用 Y—△降压启动，启动电流较小，启动转矩也较小，适用于正常运行为三角形接法的、容量较小的电动机作空载或轻载启动，也可频繁启动电动机。

(c) 自耦变压器（启动补偿器）启动。将自耦变压器高压侧接电网，低压侧接电动机。启动时，利用自耦变压器分接头来降低电动机电压，待转速上升到一定值时，自耦变压器自动切除，电动机与电源相接，在全电压下正常运行。笼型异步电动机采用自耦变压器降压启动的原理图如图 2-13 所示。其启动一相线路如图 2-14 所示。

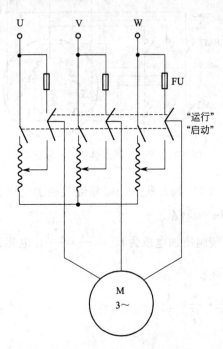

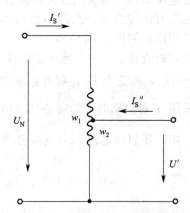

图 2-13　自耦变压器降压启动的原理图　　　　图 2-14　自耦变压器降压启动的一相线路

设自耦变压器变比 $K=\dfrac{w_1}{w_2}>1$，则直接启动时定子绕组的电压 U_N、电流 I_S 与降压启动时承受的电压 U'、电流 I_S'' 关系为

$$\frac{U_N}{U'}=\frac{w_1}{w_2}=K \tag{2-10}$$

$$\frac{I_S}{I_S''}=\frac{U_N}{U'}=K \tag{2-11}$$

而所谓的启动电流是指电网供给线路的电流，即自耦变压器原边的电流 I_S'，它与副边启动时电流 I_S'' 关系为

$$\frac{I_S''}{I_S'}=\frac{w_1}{w_2}=K \tag{2-12}$$

因此降压启动电流 I_S' 与直接启动电流 I_S 的关系为

$$I_S'=(\frac{1}{K})^2 I_S \tag{2-13}$$

而自耦变压器降压启动时转矩 T_S' 与直接启动时转矩 T_S 的关系为

$$\frac{T_S'}{T_S}=(\frac{U'}{U_N})^2=(\frac{1}{K})^2 \tag{2-14}$$

即

$$T_S'=(\frac{1}{K})^2 T_S \tag{2-15}$$

由此可见，采用自耦变压器降压启动，启动电流和启动转矩都降为直接启动的 $(1/K)^2$ 倍。

这种启动方法适用于星形或者三角形连接的、容量较大的电动机。但自耦变压器的投资大，且不允许频繁启动。

(d) 延边三角形启动。延边三角形降压启动是一种既不用启动设备，又能得到较高转矩的启动方法。它在电动机的启动过程中将绕组接成延边三角形，待启动完毕后，将其绕组接成△形进入正常运行。延边三角形降压启动原理如图 2-15 所示。

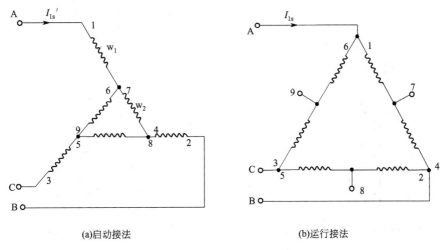

(a)启动接法　　　　　　　　　(b)运行接法

图 2-15　延边三角形启动原理图

电动机定子绕组作延边三角形连接时，每相绕组承受的电压比△形连接时低，又比星形连接时高，介于两者之间。这样既可实现降压启动，又可提高启动转矩，是 Y—△降压启动的进一步发展。但是采用延边三角形降压启动时，内部接线过于复杂。

(e) 软启动。上述几种降压启动方式的启动线路比较简单，不需要增加额外启动设备，但其启动电流冲击一般还很大，启动转矩比较小，经常用于对启动特性要求不高的场合。在一些对启动要求较高的场合，可选用软启动装置。软启动采用电子启动方法，其基本原理是利用晶闸管的移相调压方式来控制启动电压和启动电流。其主要特点是，具有软启动和软停车功能，启动电流、启动转矩可调节，此外还具有电动机过载保护等功能。

③ 绕线式异步电动机的启动。前面在分析异步电动机的机械特性时已经说明，适当增加转子回路的电阻可以提高启动转矩。绕线式异步电动机正是利用这一特性，启动时在转子回路中串入电阻器或频繁变阻器来改善启动性能。

(a) 转子串接电阻器启动。启动时，在转子回路中串接启动电阻器，借以提高启动转矩，同时因转子回路中电阻的增大也限制了启动电流；启动结束，切除转子回路所串电阻。

为了在整个启动过程中得到比较大的启动转矩，一般需分三级切除启动电阻，称为三级启动。在整个启动过程中产生的转矩都是比较大的，适合于重载启动，广泛用于桥式起重机、卷扬机、龙门吊车等重载设备。其缺点是所需启动设备较多，启动时有一部分能量消耗在启动电阻上，启动级数也较少。转子串电阻启动接线图如图 2-16 所示。

(b) 转子串频敏变阻器启动。频敏变阻器的结构特点：它是一个三相铁芯线圈，其铁芯不用硅钢片而用厚钢板叠成。铁芯中产生涡流损耗和一部分磁滞损耗，铁芯损耗相当于一个等值电阻，其线圈又是一个电抗，其电阻和电抗都随频率变化而变化，故称频敏变阻器。它与绕线式异步电动机的转子绕组相接。

启动时接入频敏变阻器。因启动时频敏变阻器的铁芯损耗大，等效电阻大，既限制了启动电流，增大了启动转矩，又提高了转子回路的功率因数。随着转速升高，减小，铁芯损耗和等效电阻也随之减小，相当于逐渐切除转子电路所串的电阻。启动结束时频敏变阻器基本上已不起作用，可以予以切除。

频敏变阻器启动具有结构简单，运行可靠等特点，但与转子串电阻启动相比，在同样的启动电流下，启动转矩要小一些。转子串频敏变阻器启动的接线图如图 2-17 所示。

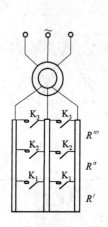 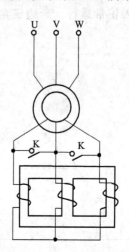

图 2-16　绕线式电动机转子串电阻启动接线图　　图 2-17　绕线式电动机转子串频敏变阻器启动接线图

（3）三相异步电动机的调速方式

近年来，随着电力电子技术的发展，异步电动机的调速性能大有改善，交流调速应用日益广泛，在许多领域有取代直流调速系统的趋势。

从异步电动机的转速关系式 $n = n_1(1-s) = \dfrac{60f_1}{p}(1-s)$ 可以看出，异步电动机调速可分三大类，即变极调速、变频调速和变转差率调速。

① 变极调速。通过改变定子绕组的磁极对数 p 达到改变转速的目的。若极对数减少一半，同步转速就提高 1 倍，电动机转速也几乎升高 1 倍，因此称之为多速电动机。其转子均采用笼型转子，因其感应的极数能自动与定子变化的极数相适应。变极调速用于各种机床及其他设备，它所需要的设备简单、体积小、重量轻，但这种调速是有级调速，且绕组结构复杂、引出头较多，调速级数少。

② 变频调速。通过改变通电电网的频率来调速。在变频调速的同时，必须降低电源电压，使电源电压和电源频率的比值为常数。

变频调速的主要优点：一是能平滑无级调速、调速范围广、效率高。二是因特性硬度不变，系统稳定性较好。三是可以通过调频改善启动性能。主要缺点是系统较复杂、成本较高。随着晶闸管整流和变频技术的迅速发展，异步电动机的变频调速应用日益广泛，有逐步取代直流调速的趋势，它主要用于拖动泵类负载，如通风机、水泵等。

③ 改变转差率调速

（a）改变定子电压调速。此法用于笼型异步电动机。

对于转子电阻大、机械特性曲线较软的笼型异步电动机，采用此法调速范围很宽。主要缺点是低压时机械特性太软，转速变化大，可采用带速度负反馈的闭环控制系统来解决该问题。

改变电源电压调速过去都采用定子绕组串电抗器来实现，目前已广泛采用晶闸管交流调压线路来实现。

（b）转子串电阻调速。此法只适用于绕线式异步电动机。

转子串电阻调速的优点是方法简单，主要用于中、小容量的绕线式异步电动机，如桥式启动机等。若转速越低，转差率 s 越大，则转子损耗就越大。可见低速运行时电动机效率并不高。

（c）串级调速。它也是适用于绕线转子异步电动机。

串级调速就是在异步电动机的转子回路串入一个三相对称的附加电势，其频率与转子电势相同，改变附加电势的大小和相位，就可以调节电动机的转速。若引入附加电势后，使电动机的转速下降，称低同步串级调速；若引入与附加电势后，导致转速升高的，称为超同步串级调速。

串级调速性能比较好，过去由于附加电势的获得比较难，长期以来没能得到推广。近年来，随着可控硅技术的发展，串级调速有了广阔的发展前景。现已日益广泛用于水泵和风机的节能调速，应用于不可逆轧钢机、压缩机等很多生产机械。

（4）三相异步电动机制动方式

上述电动机在启动、调速和反转运行时有一个共同的特点，即电动机的电磁转矩和电动机的旋转方向相同，称为电动机处于电动运行状态。

三相异步电动机还有一类运行状态称为制动，包括机械制动和电气制动。机械制动是利用机械装置使电动机从电源切断后能迅速停转。它的结构有好几种型式，应用较普遍的是电磁抱闸，主要用于起重机械上吊重物时，使重物能迅速而又准确地停留在某一位置上。电气制动是指异步电动机所产生的电磁转矩和电动机的旋转方向相反的状态，如在负载转矩为位能转矩的机械设备中（例如起重机下放重物时，运输工具在下坡运行时）使设备保持一定的运行速度；在机械设备需要减速或停止时，电动机能实现减速和停止。

电气制动通常可分为能耗制动、反接制动和回馈制动等三类。

① 能耗制动。将运行着的异步电动机的定子绕组从三相交流电源上断开后，立即接到直流电源上。这种制动方法是将转子的动能转变为电能，并消耗在转子回路的电阻上，所以称为能耗制动。

对于采用能耗制动的异步电动机，既要求有较大的制动转矩，又要求定、转子回路中电流不能太大而使绕组过热。根据经验，能耗制动时对笼型异步电动机取直流励磁电流为 $(4\sim5)I_0$，对绕线式异步电动机取 $(2\sim3)I_0$。取制动时所串电阻 $r=(0.2\sim0.4)\dfrac{E_{2N}}{\sqrt{3}I_{2N}}$。

能耗制动的优点是制动力强，制动较平稳。缺点是需要一套专门的直流电源供制动用。

② 反接制动。反接制动分为电源反接制动和倒拉反接制动两种。

（a）电源反接制动。改变电动机定子绕组与电源的联接相序。当电源的相序发生变化，旋转磁场立即反转，从而使转子绕组中的感应电势、电流和电磁转矩都改变方向。因机械惯性，转子转向未发生变化，则电磁转矩与转子的转速方向相反，电动机进入制动状态。

（b）倒拉反接制动。当绕线式异步电动机拖动位能性负载时，在其转子回路中串入很大的电阻。在位能负载的作用下，电动机反转，因这一制动过程是由于重物倒拉引起的，所以称为倒拉反接制动（或称倒拉反接运行），绕线式异步电动机和倒拉反接制动状态，常用于起重机低速下放重物。

③ 回馈制动。电动机在外力（如起重机下放重物）作用下，使其电动机的转速超过旋转磁场的同步速，电磁转矩方向与转子转向相反，成为制动转矩。此时电动机将机械能转变为电能馈送电网，所以称回馈制动。为了限制下放速度过高，转子回路不应串入过大的电阻。

3）异步电动机的常见故障维修

（1）启动前的准备

对新安装或久未运行的电动机，在通电使用前必须先作下列检查，以验证电动机能否通电运行。

① 安装检查。要求电动机装配灵活、螺栓拧紧、轴承运行无阻、联轴器中心无偏移等。

② 绝缘电阻检查。要求用兆欧表检查电动机的绝缘电阻，包括三相相间绝缘电阻和三相绕组对地绝缘电阻，测得的数值一般不小于 $10M\Omega$。

③ 电源检查。一般当电源电压波动超出额定值 $+10\%$ 或 -5% 时，应改善电源条件后投运。

④ 启动、保护措施检查。要求启动设备接线正确（直接启动的中小型异步电动机除外）；电动机所配熔丝的型号合适；外壳接地良好。

在以上各项检查无误后，方可合闸启动。

（2）启动时的注意事项

① 合闸后，若电动机不转，应迅速、果断地拉闸，以免烧毁电动机。

② 电动机启动后，应注意观察电动机，若有异常情况，应立即停机。待查明故障并排除后，才能重新合闸启动。

③ 笼型异步电动机采用全压启动时，次数不宜过于频繁，一般为 3～5 次。对功率较大的电动机要随时注意电动机的温升。

④ 绕线式电动机启动前，应注意检查启动电阻是否接入。接通电源后，随着电动机转速的提高应逐渐切除启动电阻。

⑤ 几台电动机由同一台变压器供电时，不能同时启动，应由大到小逐台启动。

（3）运行中的监视

对运行中的电动机应经常检查它的外壳有无裂纹、螺钉是否有脱落或松动、电动机有无异响或振动等。监视时，要特别注意电动机有无冒烟和异味出现，若嗅到焦煳味或看到冒烟，必须立即停机检查处理。

对轴承部位，要注意它的温度和响度。温度升高，响声异常则可能是轴承缺油或磨损。联轴器传动的电动机，若中心校正不好，会在运行中发出响声，并伴随着发生电动机振动和联轴节螺栓胶垫的迅速磨损。这时应重新校正中心线。

带传动的电动机，应注意传动带不应过松而导致打滑，但也不能过紧而使电动机轴承过热。

在发生以下严重故障情况时，应立即停机处理。

① 人身触电事故；

② 电动机冒烟；

③ 电动机剧烈振动；

④ 电动机轴承剧烈发热；

⑤ 电动机转速迅速下降，温度迅速升高。

（4）电动机的定期维修

异步电动机定期维修是消除故障隐患、防止故障发生的重要措施。电动机维修分月维修和年维修，俗称小修和大修。前者不拆开电动机，后者需把电动机全部拆开进行维修。

① 定期小修主要内容。定期小修是对电动机的一般清理和检查，应经常进行。小修包括以下内容：

（a）清擦电动机外壳，除掉运行中积累的污垢；

（b）测量电动机绝缘电阻，测后注意重新接好线，拧紧接线头螺钉；

（c）检查电动机端盖、地脚螺钉是否紧固；

（d）检查电动机接地线是否可靠；

（e）检查电动机与负载机械间的传动装置是否良好；

（f）拆下轴承盖，检查润滑是否变脏、干涸，及时加油或换油。处理完毕后，注意上好端盖及紧固螺钉；

（g）检查电动机附属启动和保护设备是否完好。

② 定期大修主要内容。异步电动机的定期大修应结合负载机械的大修进行。大修时，拆开电动机进行以下项目的检查修理。

（a）检查电动机各部件有无机械损伤，若有则应作相应修复。

（b）对拆开的电动机和启动设备进行清理，清除所有油泥、污垢。清理中注意观察绕组的绝缘状况。若绝缘为暗褐色，说明绝缘已经老化，对这种绝缘要特别注意不要碰撞使它脱落。若发现有脱落就进行局部绝缘修复和刷漆。

（c）拆下轴承，浸在柴油或汽油中彻底清洗。把轴承架与钢珠间残留的油脂及脏物洗掉后，用干净柴（汽）油清洗一遍。清洗后的轴承应转动灵活，不松动。若轴承表面粗糙，说明油脂不合格；若轴承表面变色（发蓝）则它已经退火。根据检查结果，对油脂或轴承进行更换，并消除故障原因（如清除油中砂、铁屑等杂物；正确安装电动机等）。

轴承新安装时，加润滑油应从一侧加入。油脂占轴承内容积 $1/3 \sim 2/3$ 即可。油加得太满会发热流出。

（d）检查定子绕组是否存在故障。使用兆欧表测绕组电阻可判断绕组绝缘是否受潮或是否有短路。若有，应进行相应处理。

（e）检查定、转子铁芯有无磨损和变形，若观察到有磨损处或发亮点，说明可能存在定、转子铁芯相擦。应使用锉刀或刮刀把亮点刮低。若有变形应作相应修复。

（f）在进行以上各项修理、检查后，对电动机进行装配、安装。

（g）安装完毕的电动机应进行修理后检查，符合要求后，方可带负载运行。

（5）常见故障及排除方法

异步电动机的故障可分机械故障和电气故障两类。机械故障如轴承、铁芯、风叶、机座转轴等的故障，一般比较容易观察与发现。电气故障主要是定子绕组、转子绕组、电刷等导电部分出现的故障。当电动机不论出现机械故障或电气故障时都将对电动机的正常运行带来影响。故障处理的关键是通过电动机在运行中出现的种种不正常现象来进行分析，从而找到电动机的故障部位与故障点。由于电动机的结构、型号、质量、使用和维护情况的不同，要正确判断故障，必须先进行认真细致的研究、观察和分析，然后进行检查与测量，找出故障所在，并采取相应的措施予以排除。检查电动机故障的一般步骤如下所示。

① 调查。首先了解电动机的型号、规格、使用条件及年限，以及电动机在发生故障前的运行情况，如所带负荷的大小、温升高低、有无不正常的声音、操作使用情况等。并认真听取操作人员的反映。

② 察看。察看的方法要按电动机故障情况灵活掌握，有时可以把电动机接上电源进行短时运转，直接观察故障情况再进行分析研究。有时电动机不能接电源，可通过仪表测量或观察来进行分析判断，然后再把电动机拆开，测量并仔细观察其内部情况，找出其故障所在。

异步电动机常见的故障现象，产生故障的可能原因及故障处理方法见表2-3。

表 2-3　异步电动机的常见故障及排除方法

故障现象	造成故障的可能原因	处 理 方 法
电源接通后电动机不启动	(1)定子绕组接线错误	(1)检查接线,纠正错误
	(2)定子绕组断路、短路或接地,绕线电动机转子绕组断路	(2)找出故障点,排除故障
	(3)负载过重或传动机构被卡住	(3)检查传动机构及负载
	(4)绕线式电动机转子回路断线(电刷与滑环接触不良,变阻器断路,引线接触不良等)	(4)找出断路点,并加以修复
	(5)电源电压过低	(5)检查原因并排除
电动机温升过高或冒烟	(1)负载过重或启动过于频繁	(1)减轻负载、减少启动次数
	(2)三相异步电动机断相运行	(2)检查原因,排除故障
	(3)定子绕组接线错误	(3)检查定子绕组接线,加以纠正
	(4)定子绕组接地或匝间、相间短路	(4)查出接地或短路部位,加以修复
	(5)笼型异步电动机转子断条	(5)铸铝转子必须更换,铜条转子可修理或更换
	(6)绕线式电动机转子绕组断相运行	(6)找出故障点,加以修复
	(7)定子、转子相擦	(7)检查轴承、转子是否变形,进行修理或更换
	(8)通风不良	(8)检查通风道是否畅通,对不可反转的电动机检查其转向
	(9)电源电压过高或过低	(9)检查原因并排除
电动机振动	(1)转子不平衡	(1)校正平衡
	(2)传动带轮不平稳或轴弯曲	(2)检查并校正
	(3)电动机与负载轴线不对	(3)检查、调整机组的轴线
	(4)电动机安装不良	(4)检查安装情况及底脚螺栓
	(5)负载突然过重	(5)减轻负载
运行时有异声	(1)定子转子相擦	(1)检查轴承,转子是否变形,进行修理或更换
	(2)轴承损坏或润滑不良	(2)更换轴承,清洗轴承
	(3)电动机两相运行	(3)查出故障点并加以修复
	(4)风叶碰机壳等	(4)检查并消除故障
电动机带负载时转速过低	(1)电源电压过低	(1)检查电源电压
	(2)负载过大	(2)核对负载
	(3)笼型异步电动机转子断条	(3)铸铝转子必须要更换,铜条转子可修理或更换
	(4)绕线电动机转子绕组一相接触不良或断开	(4)检查电刷压力,电刷与滑环接触情况及转子绕组
电动机外壳带电	(1)接地不良或接地电阻太大	(1)按规定接好地线,消除接地不良处
	(2)绕组受潮	(2)进行烘干处理
	(3)绝缘有损坏,有脏物或引出线碰壳	(3)修理,并进行浸漆处理,消除脏物,重接引出线

2. 电气图基础知识

　　电气图是用各种图形、符号和图线等形式来表示电气系统中各电气设备、装置、元器件的相互联接关系。电气图是联系电气设计、生产、维修人员的工程语言,能正确、熟练地适读电气图是从业人员必备的基本技能。

　　1) 电气图的分类

　　① 电气系统图。就是用符号或带注释的框,概略表示系统的组成、各组成部分相互关系及主要特征的图样。

　　② 电气原理图。是根据简单清晰和便于阅读、分析控制线路的原则,采用电器元件展开的形式绘制成的图样。

　　③ 电气布置图。是表明电气设备上,所有电器元件的实际位置的图(常和电器接线图组合在一起表示电气安装接线图)。

　　④ 电气安装接线图。是按照规定的符号和图形,根据各电器元件相对位置绘制的实际接线图。表示各电器元件的相对位置和它们之间的连接,注意不仅要把同一个电气的各个部

件画在一起，而且各部件的布置尽量，符合实际安装的情况。

⑤ 电器元件的明细表。是将成套装置设备中的各组成部件的名称、型号、规格、数量列成表格供准备材料或维修用。

2）电气图的绘制要求

电气图绘制时不是严格按照几何尺寸和位置绘制的，而是用规定的标准符号和文字表示系统或设备组成部分间的关系，这方面与机械图和建筑图有较大差别。电气图主要表示元件和连接线。连接线可用单线法和多线法，两种方法还可以在同一图中混用。电器元件可采取集中表示、半集中表示和分开表示法。电气图的图形和文字符号按照 GB/T 4728—2005《电气简图用图形符号》的规定画出。

（1）电气原理图的绘制规则

① 电路图在布局上采用功能布局法。即把电路划分为主电路和辅助电路，按照主电路与辅助电路从左到右或从上到下布置，并尽可能按工作顺序排列。

② 全部带电部件，都在原理图中表示出来。

③ 电路图中各电器元件，一律采用国家标准规定的图形符号绘出，用国家标准规定的文字符号标记。

④ 电器元件可以采用分开表示法。

⑤ 对于继电器、接触器、制动器和离合器等都按照非激励状态绘制；机械控制的行程开关应按其未受机械压合的状态绘制。

⑥ 布局要合理，排列均匀。

⑦ 电路垂直布置时，类似项目横对齐；水平布置时类似项目纵向对齐。如接触器的线圈。

⑧ 原理图中有连接的交叉线用黑圆点表示。

复杂的原理图要进行图幅分区及位置索引，即在图的边框处，竖边方向用大写拉丁字母，横边方向用阿拉伯数字编号，顺序应从左上角开始，给项目和连线建立一个坐标。行的代号用拉丁字母，列的字母用阿拉伯数字。区的代号是字母和数字的组合，字母在左，数字在右。具体用时，水平布置的图，只需标明行的标记。垂直布置的图，只需标明列的标记。区下面的文字表示该区的元件或电路功能。接触器 KM 下面的数字依次表示主触点的图区、动合触点的图区和动断触点的图区。电器元件的数据和型号用小号字体注在电器代号下面。导线截面用斜线引出标注。如图 2-18 所示为 C620—1 型车床电气原理图。

（2）电气元件布置图的绘制原则

① 体积大且较重的电器元件应安装在电器板的下面，发热元件应安装在电器板的上面。

② 强电与弱电分开并注意弱电屏蔽，防止强电干扰弱电。

③ 需要经常维护和调整的电器元件安装在适当的地方。

④ 电器元件的布置应考虑整齐、美观。结构和外形尺寸相近的电器元件应安装在一起，以利于安装、配线。

⑤ 各种电器元件的布置不宜过密，要有一定的间距以便维护和检修。电器元件布置图根据电器元件的外形进行绘制，并要求标出各电器元件之间的间距尺寸及其公差范围。

⑥ 在电器元件的布置图中，还要根据本部件进出线的数量和导线的规格，选择进出线方式及适当的接线端子板、接插件，并按一定顺序在电器元件布置图中标出进出线的接线号。

根据各电器的安装位置不同进行划分，如图 2-19 所示的按钮 SB1、SB2、照明灯 EL 及电动机 M1、M2 等没有安装在电气箱内。根据各电器的实际外形尺寸进行电器布置，选择进出线方式及接线端子。

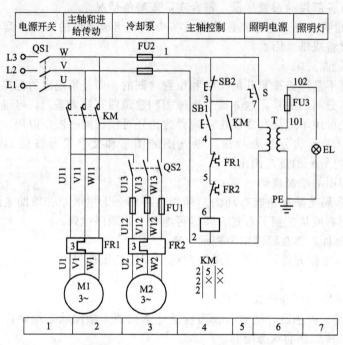

图 2-18 C620—1 型车床电气原理图

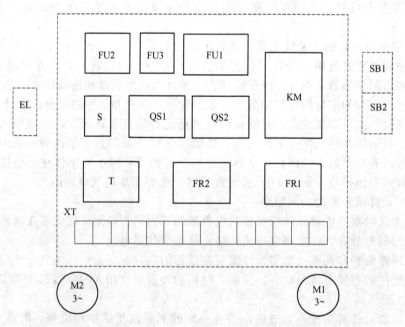

图 2-19 C620—1 型车床电气电器布置图

（3）电气安装接线图的绘制原则

① 在接线图中，各电器元件的相对位置与实际安装相对位置应一致，并按统一比例尺寸绘制。

② 一个电器元件的所有部件画在一起，并用点划线框起来。

③ 各电器元件上凡需接线的端子均应予以编号，并保证和气原理图中的导线编号一致。

④ 在接线图中，所有电器元件的图形符号、各接线端子的号和文字符号保证与原理图

中的一致。

⑤ 电气安装接线图一律采用细实线。同一通道中的多条接线可用一条线表示。接线很少时，可用直接画出接线方式；接线多时，采用符号标注法就是在电器元件的接线端，标明接线的线号和走向，不画出接线。

⑥ 在接线图中应当标明配线用的电线型号、规格、标称截面。穿线管的种类、内径、长度等及接线根数、接线编号。

⑦ 安装在底板内外的电器元件之间的连线需通过接线端子板进行。并在接线图中注明有关接线安装的技术条件。如图 2-20 所示为 C620—1 型车床的电气接线图。

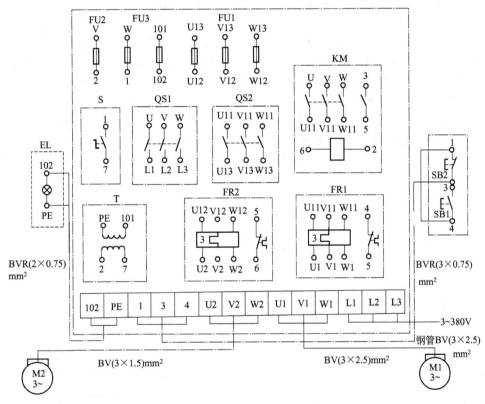

图 2-20　C620—1 型车床的电气接线图

3. 电气控制的基本规律

电气控制又称继电接触器控制，是由各种触点电器，如接触器、继电器、按钮、行程开关等组成的控制系统。电气控制能实现电力拖动系统的启动、反向、制动、调速和保护，实现生产过程自动化。

如图 2-21 所示为最典型的交流电动机单向运行的控制线路。启动按钮 SB2、停止按钮 SB1、接触器 KM 的线圈及其常开辅助触头构成控制回路。

按下 SB2，交流接触器 KM 线圈得电，与 SB2 并联的 KM 常开辅助触头闭合，使接触器线圈有两条路通电。这样即使手松开 SB2，接触器 KM 的线圈仍可通过自己的辅助触头继续通电。这种依靠接触器自身辅助触头而使线圈保持通电的现象称为自锁（或自保）。这种起自锁作用的辅助触头称为自锁触头。

停车时，按下停止按钮 SB1，将控制电路断开即可。此时，KM 线圈失电，KM 常开辅助触头释放。松开 SB1 后，SB1 虽能复位，但接触器线圈已不能再依靠自锁触头通电。

自锁控制的另一个作用是实现欠压和失压保护。在图 2-21 中，当电网电压消失（如停电）后又重新恢复供电时，不重新按启动按钮，电动机就不能启动，这就构成了失电压保护。它可防止在电源电压恢复时，电动机突然启动而造成设备和人身事故。另外，当电网电压较低时，达到接触器的释放电压，接触器的衔铁释放，主触点和辅助触点都断开。它可防止电动机在低电压下运行，实现欠电压保护。

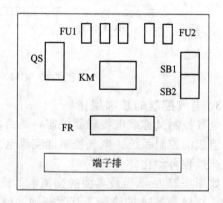

图 2-21　自锁
控制电路

实际上，上述所说的自锁控制并不局限在接触器上，在控制线路中电磁式中间继电器也常用自锁控制。

4. 三相异步电动机的点动和直接启动控制电路的电气图

1）电气原理图

三相异步电动机的直接启动控制电路的电气原理图如图 2-22 所示。合上 QS 闸刀开关，按下启动按钮 SB2，接触器 KM 线圈通电，与 SB2 并联的 KM 动合触点闭合，接触器自锁，KM 主触点接通电动机的电源，电动机开始转动。按下停止按钮 SB1，接触器 KM 线圈断电，KM 主触点断开电动机的电源，电动机停止转动。电路中 FU1、FU2 熔断器作短路保护，FR 热继电器作过载保护，KM 接触器兼作欠电压保护。

拆下与 SB2 并联的 KM 常开触点的连线，按住启动按钮 SB2，接触器 KM 线圈通电，KM 主触点接通电动机的电源，电动机开始转动。松开 SB2，接触器 KM 线圈断电，KM 主触点断开电动机的电源，电动机停止转动，实现点动。

2）电气元件布置图（图 2-23）

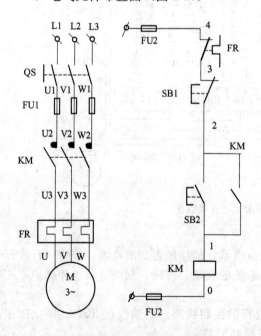

图 2-22　电气原理图　　　　　　　图 2-23　电气元件布置图

3）电气安装接线图（图 2-24）

5. 理论计算

查阅电工手册得知三相异步电动机的型号为 Y—90L—2 的额定技术参数，额定功率 $P_N = 2.2kW$，额定电压 $U_N = 380V$，额定电流 $I_N = 4.7A$。

1）低压开关的选用

根据三相异步电动机额定功率 $P_N = 2.2kW$，额定电压 $U_N = 380V$，查阅电工手册低压

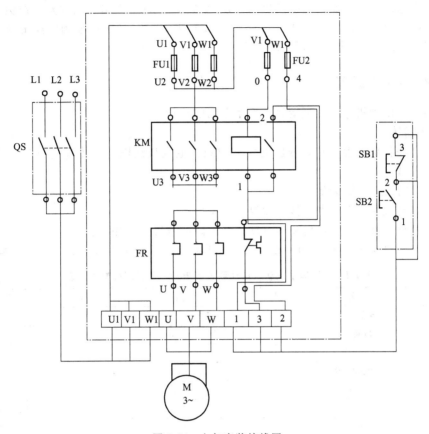

图 2-24 电气安装接线图

开关选择可制动电动机功率 2.2kW、额定电压 500V，型号为 HK2—10/3。

2）熔断器的选用

由公式 $I_R = (1.5 \sim 2.5) I_N$ 得，$I_R = 2I_N = 2 \times 4.7 = 9.4A$，查阅电工手册熔断器选择的额定电流为 10A，额定电压为 380V，型号为 RC1A—10。

控制电路的负载为一个接触器线圈，总功率不超过 65VA，考虑适当的安全余量选用型号为 RC1A—5，额定电流为 1A 的熔断器。

3）接触器的选用

根据公式 $I_N = \dfrac{P_N}{KU_N}$，取 $K = 1$，$I_N = \dfrac{P_N}{KU_N} = \dfrac{2.2 \times 10^3}{1 \times 380} \approx 5.8A$，根据此结果选择接触器的型号为 CJ20—10 的接触器，线圈额定电压为 380V。

4）热继电器的选用

根据公式 $I_R = (0.95 \sim 1.05) I_N$，按 $I_R = 1.05I_N = 1.05 \times 4.7 = 4.94A$，故选择了型号为 JR16B—20/3，热元件额定电流为 7.2A，整定电流为 4.5~7.2A 的热继电器。

5）按钮的选用

根据电气设计要求我选用的是一个组合按钮，选用的按钮型号是 LA19，双联按钮。

6）接线端子的选用

根据电源进线总电流＝电动机的额定电流＋控制线路的电流＝4.7＋0.1＝4.8A，考虑安全裕度，查接线端子产品说明书，选用额定电流 20A 的接线端子 JXO—20—10。

7）导线的选用

根据主电路的额定电流约为电动机的额定电流为 4.7A，考虑导线的安全载流量和使用环境等，查阅了电工手册，选择了主电路导线型号为 BV1/1；根据控制电路的额定电流小于 1A，控制线路导线型号为 BVR42/0.75。

第三部分　技能训练

训练内容：电动机点动和直接启动控制电路的连接与检查。

1. 任务描述

根据生产任务单（表 2-1），依据电气原理图、电气接线图等技术文件进行电气控制电路的制作和调试。

2. 实训内容及操作步骤

（1）读懂电气原理图、电气接线图等技术文件。

（2）三相异步电动机直接启动和电动控制电路的连接步骤如下。

① 填写三相异步电动机点动和直接启动电器材料配置清单表（表 2-4），并领料。

表 2-4　三相异步电动机点动和直接启动电器材料配置清单表

代号	器件名称	型号规格	数量	备注
QS	低压开关	HK2—10/3	1	
FU1	熔断器	RC1A—10	3	
FU2	熔断器	RC1A—5	2	
KM	交流接触器	CJ20—10	1	
FR	热继电器	JR16B—20/3	1	
SB1	按钮	LA19	1	双联按钮（红色）
SB2	按钮	LA19	1	双联按钮
M	电动机	Y—90L—2	1	2.2kW
	配电板			
XT	接线端子	JXO—20—10	1	
BV	导线	1mm²	若干	
BVR	导线	0.75mm²	若干	

② 工具和仪表准备。根据电动机规格选配工具、仪表、器材等。常用工具和仪表包括：测电笔、螺钉旋具、尖嘴钳、斜口钳、剥线钳、电工刀等电工常用工具；冲击钻、弯管器、套螺纹扳手等线路安装工具；兆欧表、钳形电流表、万用表。

③ 选择电器元件进行质量检查，然后进行电器元件定位和安装，注意与元件布置图一致。

注意：低压开关和熔断器的受电端朝向控制板的外侧，热继电器不要装在发热元件的上方以免影响它正常工作。为消除重力等对电磁系统的影响接触器要与地面平行安装。其他元件应整齐美观。

④ 按电气接线图进行电路连接，采用板前明配线的配线方式。导线采用 BV 单股塑料硬线时，板前明配线的配线规则：主电路的线路通道和控制电路线路通道分开布置，线路横平竖直，同一平面内不交叉、不重叠，转弯成 90°，成束的导线要固定，整齐美观。平板接线端子时，线端应弯成羊眼圈接线；瓦状接线端子时，线端直形，剥皮裸露导线长小于 1mm 并装上于接线图相同的编码套管。每个接线端子上一般不超过两个导线。先配控制电路的线，从控制电路接电源的一侧开始直到另一侧接电源止。然后配主电路的线，从电源侧开始配起，直到接线端子处接电动机的线止。

（3）电动机的启动和点动控制电路的调试与检修

① 调试前的准备

（a）检查电路元件的位置是否正确、有无损坏，导线规格和接线方式是否符合设计要求，各种操作按钮和接触器是否灵活可靠，热继电器的整定值是否正确，信号和指示装置是否完好。

（b）对电路的绝缘电阻进行测试，连接导线的绝缘电阻不小于 $7M\Omega$，电动机的绝缘电阻不小于 $0.5M\Omega$。

② 调试过程

（a）在不接主电路电源的情况下，接通控制电路电源。按下启动按钮检查接触器的自锁功能是否正常。发现异常立即断电检修，查明原因，找出故障，消除故障再调试，直至正常。

（b）接通主电路和控制电路的电源，检查电动机转向和转速是否正常。正常后，在电动机转轴上加负载，检查热继电器是否有过负荷保护作用。如果有异常应立即停电查明原因，并进行检修。

③ 检修。利用各种电工仪表测量电路中的电阻、电流、电压等参数，并进行故障判定。常采用电阻法和电压法。电压法是在线路不断电的情况下，使用万用表交流电压挡测电路中各点的电压。万用表的黑表笔压在电源零线上，红表笔从火线开始逐点测量电压，电压正常说明红表笔经过的电器元件没有故障，否则有故障断电检修。电阻法是在电路不通电的情况下进行的，此法较安全，便于学生使用。

检修时，用万用表在不通电情况下，按住启动按钮测控制电路各点的电阻值，确定故障点。压下接触器衔铁主电路各点的电阻确定主电路故障并排除。注意，万用表测试正常后方可通电试验。

④ 填写检修记录单。检修记录单一般包括设备编号、设备名称、故障现象、故障原因、排除方法、所需材料、维修日期等项目。记录单可清楚表示出设备运行和检修情况（表2-5），为以后设备运行和检修提供依据，故必须认真填写。

表 2-5　检修记录单

序号	设备编号	设备名称	故障现象	故障原因	排除方法	所需材料	维修日期
1	××	三相异步电动机的直接启动和点动控制电路	按启动按钮接触器不动作	热继电器触点断开	万用表电阻测量法	热继电器	××
2							
3							
4							

⑤ 安全操作。在调试和检修及其他项目制作过程中，安全始终是最重要的，带电测试或检修时要经过老师同意且一人监护一人操作，有异常现象立即停车。

第四部分　总结提高

（1）认真总结学习过程，书面完成电路制作与调试过程的工作报告。

（2）如何选择刀开关、熔断器、热继电器和接触器？

（3）如何绘制电气原理图和接线图？

（4）配电采用板前明配线有哪些规则？

任务二　电动机正—停—反控制电路的连接与检查

任务单：电动机正—停—反控制电路制作任务单（表 2-6）

×××× 有限公司

表 2-6　车间日生产任务作业卡

班组：　　　　　　　　　　　　　　　　　　　　　　　　　　　　　　　　　年　月　日

生产品种	计划生产数		实际完成数	
	上线	下线	上线	下线
正-停-反 控制电路				

计划下达人：　　　　　　　　　　　　　　　　　　　　　　　　　　　　班组长：

第一部分　目的与要求

1. 知识目标

① 掌握三相异步电动机正—停—反控制电路的工作原理；

② 掌握电气原理图、接线图和电器安装图的绘制原则；

③ 掌握刀开关、熔断器、热继电器、接触器的选择方法。

2. 技能目标

① 能够绘制三相异步电动机正—停—反控制电路的原理图、接线图；

② 能够编制制作电路的安装工艺计划；

③ 会按照工艺计划进行线路的安装、调试和检修；

④ 会作检修记录。

第二部分　知识链接

1. 三相异步电动机的反转控制

由三相异步电动机的工作原理可知，电动机的旋转方向取决于定子旋转磁场的旋转方向。因此，只要改变旋转磁场的旋转方向，就能使三相异步电动机反转。如图 2-25 所示是利用倒顺开关 S 来实现电动机正、反转的原理线路图。

当倒顺开关 S 向上合闸时，定子绕组分别接通 U，V，W 三相电，电动机正转。当 S 向下合闸时，则分别接通 V，U，W 三相电，即将电动机任意两相绕组与电源接线互调，则旋转磁场反向，电动机跟着反转。

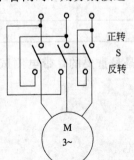

图 2-25　三相异步电动机
正、反转原理线路图

2. 三相异步电动机的正—停—反控制电路的电气图

1）电气原理图

三相异步电动机的正—停—反控制电路如图 2-26 所示，图中用两只接触器来改变电动机电源的相序。

正向启动时，合上低压断路器 QF，按下正转启动按钮 SB1，接触器 KM1 线圈通电，与 SB1 并联的 KM1 动合触点闭合，接触器自锁，KM1 主触点接通电动机的电源，电动机开始正向转动。停止时，按下停止按钮 SB3，接触器 KM1 线圈断电，KM1 主触点断开电动机的电源，电动机停止转动。

反向启动时，按下反转启动按钮 SB2，接触器 KM2 线圈通电，

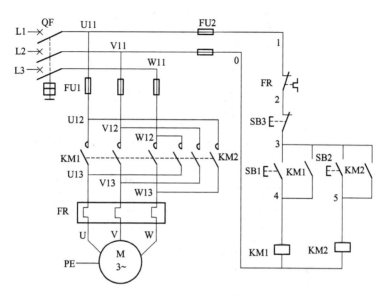

图 2-26 三相异步电动机正反转控制电路

与 SB2 并联的 KM2 动合触点闭合，接触器自锁，KM2 主触点接通电动机的电源（交换了两相电源），电动机开始反向转动。停止时，同样按下停止按钮 SB3，接触器 KM2 线圈断电，KM2 主触点断开电动机的电源，电动机停止转动。

线路中的熔断器起短路保护作用，热继电器起负荷保护作用，接触器起欠电压保护作用。

显然在上述三相异步电动机正反转控制电路中，接触器 KM1 和 KM2 不能同时得电动作，否则将造成电源短路。

为防止接触器 KM1 和 KM2 两线圈同时得电，就要求保证两个接触器不能同时工作。这种在同一时间里两个接触器只允许一个工作的控制作用称为互锁或联锁。如图 2-27 所示为带接触器联锁保护的正反转控制电路的电气原理图。在 KM1 线圈支路中串入 KM2 的动断触点，KM2 线圈支路中串入 KM1 的动断触点，这称为互锁。KM1 和 KM2 的动断触点称为互锁触点。有了这对触点，KM1 和 KM2 的线圈就不能同时得电了，因为 KM1 通电时其动断触点断开，所以 KM2 线圈就不能得电了，反之亦然。在这种控制方式下，电动机在正转过程中要求反转时，必须先按下停止按钮 SB3，让 KM1 线圈失电，正锁触点 KM1 闭合，这样才能按反转按钮 SB2 使电动机反转，因此它是"正—停—反"控制电路。

2）电气元件布置图

根据电气元件布置图绘制原则，画出三相异步电动机的正反转控制电路的布置图（图 2-28）所示。

3）电气接线图

根据原理图和电气安装接线图绘制原则，画出三相异步电动机的正—停—反控制电路的电气接线图，如图 2-29 所示。

3. 理论计算

查阅电工手册得知三相异步电动机型号为 Y—90L—2 的额定技术参数，额定功率 $P_N = 2.2kW$，额定电压 $U_N = 380V$，额定电流 $I_N = 4.7A$。

1）低压断路器的选用

根据三相异步电动机额定功率 $P_N = 2.2kW$，额定电压 $U_N = 380V$，查阅电工手册低压断路器可选择额定电流为 10A。

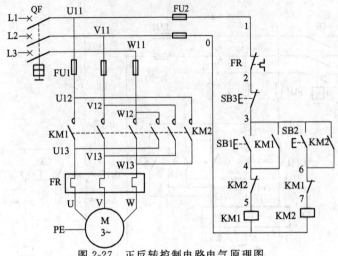

图 2-27　正反转控制电路电气原理图

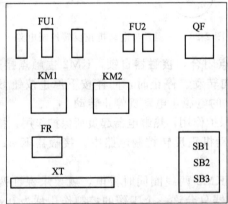

图 2-28　正反转控制电路电气元件布置图

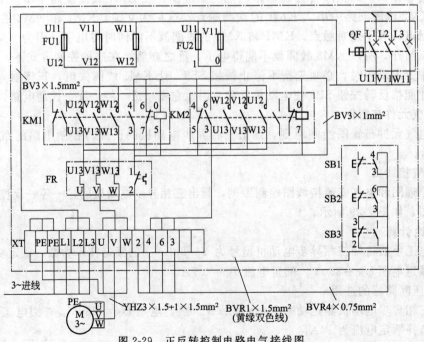

图 2-29　正反转控制电路电气接线图

2) 熔断器的选用

由公式 $I_R=(1.5\sim2.5)I_N$ 得，$I_R=2I_N=2\times4.7=9.4A$，查阅电工手册熔断器选择额定电流为 10A，额定电压为 380V，型号为 RC1A—10。

控制电路的负载为一个接触器线圈，总功率不超过 65VA，考虑适当的安全余量选用型号为 RC1A—5，额定电流为 1A 的熔断器。

3) 接触器的选用

根据公式 $I_N=\dfrac{P_N}{KU_N}$，取 $K=1$，$I_N=\dfrac{P_N}{KU_N}=\dfrac{2.2\times10^3}{1\times380}\approx5.8A$，根据此结果选择接触器的型号为 CJ20—10 的接触器，线圈额定电压为 380V。

4) 热继电器的选用

根据公式 $I_R=(0.95\sim1.05)I_N$，按 $I_R=1.05I_N=1.05\times4.7=4.94A$，故选择了型号为 $JR16B—20/3$，热元件的额定电流为 7.2A，整定电流为 4.5~7.2A 的热继电器。

5) 按钮的选用

根据电气设计要求选用一个组合按钮，选用的按钮是双联按钮，型号为 LA19。

6) 接线端子的选用

根据电源进线总电流＝电动机的额定电流＋控制线路的电流＝4.7＋0.1＝4.8A，考虑安全裕度，查接线端子产品说明书，选用额定电流 20A 的接线端子 JXO—20—10。

7) 导线的选用

根据主电路的额定电流约为电动机的额定电流 4.7A，考虑导线的安全载流量和使用环境等，查阅了电工手册，选择了主电路导线型号为 BV1/1；根据控制电路的额定电流小于 1A，控制线路导线型号为 BVR/0.75；接地线 BVR/1.5 黄绿双色线。

第三部分　技能训练

训练内容：电动机正—停—反控制电路的连接与检查。

1. 任务描述

根据生产任务单表 2-6，依据电气原理图、电气接线图等技术文件进行电气控制电路的制作和调试。

2. 实训内容及操作步骤

(1) 读懂电气原理图、电气接线图等技术文件。

(2) 三相异步电动机正—停—反控制电路的连接步骤如下。

① 填写三相异步电动机正—停—反控制电路材料配置清单表（表 2-7），并领料。

表 2-7　三相异步电动机正—停—反控制电路材料配置清单表

代号	器件名称	型号规格	数量	备注
QF	低压断路器	10A	1	
FU1	熔断器	RC1A—10	3	
FU2	熔断器	RC1A—5	2	
KM1	交流接触器	CJ20—10	1	
KM2	交流接触器	CJ20—10	1	
FR	热继电器	JR16B—20/3	1	
SB1	启停按钮	LA19	1	双联按钮
SB2	启停按钮	LA19	1	双联按钮
SB3	启停按钮	LA19	1	双联按钮（红色）
M	电动机	Y—90L—2	1	2.2kW
	配电板		1	

代号	器件名称	型号规格	数量	备注
XT	接线端子	JXO—20—10	1	
BV	导线	1mm²	若干	
BVR	导线	0.75mm²	若干	
BVR	导线	1.5mm²	若干	黄绿双色线

② 工具和仪表的准备。

③ 选择电器元件进行质量检查，然后进行电器元件定位和安装，注意与元件布置图一致。

④ 采用板前明配线的配线方式。按照板前明配线的配线规则先配主电路的线，从电源侧开始配起，按照低压断路器、熔断器、交流接触器、热继电器、接线的次序，直到接线端子上接电动机的线止、然后配控制电路的线，从控制电路接电源的一侧开始直到另一侧接电源止。注意主电路的线路通道和控制电路的线路通道应分开布置，线路横平竖直，统一平面内不交叉、不重叠，力求整齐美观。

（3）三相异步电动机的正—停—反控制电路的调试与检修

① 调试前的准备

a. 检查低压断路器、熔断器、交流接触器、热继电器、启停按钮的位置是否正确、有无损坏，导线规格是否符合设计要求，操作按钮和接触器是否灵活可靠，热继电器的整定值是否正确，信号和指示是否正确。

b. 对电路的绝缘电阻进行测试，验证是否符合要求。

② 调试过程

a. 接通控制电路电源。按下正转启动按钮 SB1 检查接触器 KM1 的自锁功能是否正常，按下反转启动按钮 SB2 检查接触器 KM1 和 KM2 的互锁功能是否正常。按下反转启动按钮 SB2 检查接触器 KM2 的自锁功能是否正常，按下正转启动按钮 SB1 检查接触器 KM1 和 KM2 的互锁功能是否正常。发现异常立即断电检修，直至正常。

b. 接通主电路和控制电路的电源，检查电动机正向和反向转速是否正常。正常后，在电动机转轴上加负载，检查热继电器是否有过负荷保护作用。有异常立即停电修。

③ 检修。检修采用万用表电阻法，在不通电情况下进行，按住启动按钮测控制电路各点的电阻值，确定故障点。压下接触器衔铁测主电路各点的电阻确定主电路故障并排除。电动机正向运行正常，但不能反向运行故障检查举例。

④ 填写检修记录单（表 2-8）。

表 2-8　检修记录单

序号	设备编号	设备名称	故障现象	故障原因	排除方法	所需材料	维修日期

（4）安全操作。在调试和检修及其他项目制作过程中，安全始终是最重要的，带电测试或检修时要经过老师同意且一人监护一人操作，有异常现象立即停车。

第四部分　总结提高

（1）认真总结学习过程，书面完成电路制作与调试过程的工作报告。

（2）如何选择低压断路器？

（3）如何改变三相交流电动机的方向？

（4）互锁的意义是什么？用什么方法可以实现互锁？

任务三　电动机正—反—停控制电路的连接与检查

任务单：电动机正—反—停控制电路制作任务单（表2-9）

××××有限公司
表2-9　车间日生产任务作业卡

班组：　　　　　　　　　　　　　　　　　　　　　　　　　年　　月　　日

生产品种	计划生产数		实际完成数	
	上线	下线	上线	下线
正—反—停控制电路				

计划下达人：　　　　　　　　　　　　　　　　　　　　　　　　班组长：

第一部分　目的与要求

1. 知识目标

① 熟悉电气原理图、接线图和电器安装图的绘制原则；

② 熟悉刀开关、熔断器、热继电器、接触器的选择方法；

③ 掌握三相异步电动机正—反—停控制电路的工作原理。

2. 技能目标

① 能够绘制三相异步电动机正—反—停控制电路的原理图、接线图；

② 能够编制制作电路的安装工艺计划；

③ 会按照工艺计划进行线路的安装、调试和检修；

④ 会作检修记录。

第二部分　知识链接

1. 三相异步电动机正—反—停控制电路的电气原理图

辅助触点联锁正反向控制线路虽然可以避免接触器故障造成的电源短路事故，但是要改变电动机转向，必须先操作停止按钮。在生产实际中，为了提高劳动生产率，减少辅助工时，要求实现直接正反转的变换控制。电动机正转时，在按下反转按钮前应先断开正转接触器线圈线路，待正转接触器释放后再接通反转接触器，于是，对图2-27所示的控制线路做了改进，采用了两只复合按钮SB2，SB3。其控制线路如图2-30所示。

在这个线路中，正转启动按钮SB2的常开触头是用来使正转接触器KM1的线圈瞬时通电的，其常闭辅助触头则串联在反转接触器KM2线圈的电路中，用来使之释放。反转启动按钮为SB3，其工作原理和控制方法的分析与正转类似。当按下SB2或SB3时，首先是常闭辅助触头断开，然后才是常开触头闭合。这样在需要改变电动机运转方向时，就不必先按SB1停止按钮，可直接操作正反转按钮，即能实现电动机转向的改变。按钮SB2和SB3为复合按钮，以实现控制电路的机械互锁。

其具体工作原理为：

合上电源开关→{
  按下 SB2，KM1 线圈得电→{
    KM1 主触头闭合→电动机正转
    KM1 常开辅助触头闭合形成自锁
    KM1 常闭辅助触头分断，KM2 线圈不能得电
  }
  按下 SB3，KM1 线圈失电→{
    KM1 主触头分断
    KM1 常闭辅助触头闭合，KM2 线圈得电→{
      KM2 主触头闭合→电动机反转
      KM2 常闭辅助触头分断，KM1 线圈不能得电
    }
  }

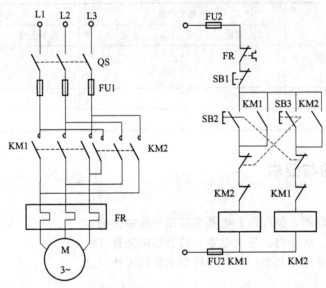

图 2-30　三相异步电动机正—反—停转控制电路电气原理图

图 2-30 所示的线路中既有接触器的互锁（电气互锁），又有按钮的互锁（机械互锁），保证了电路可靠地工作。这种正—反—停控制电路，又称为双重（复合）连锁正反控制电路。

2. 三相异步电动机的正—反—停控制电路电气元件布置图

三相异步电动机的正—反—停控制电路电气元件布置图如图 2-31 所示。

3. 三相异步电动机的正—反—停控制电路电气接线图

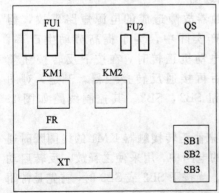

图 2-31　三相异步电动机的正—反—停控制电路电气元件布置图

控制电路接线图的绘制与单联锁线路类似。由于这种线路自保、联锁线号多，应仔细标注端子号，尤其注意区分触点和线圈的上、下端，如图 2-32 所示。

4. 理论计算

查阅电工手册得知三相异步电动机型号为 Y—90L—2 的额定技术参数，额定功率 $P_N = 2.2kW$，额定电压 $U_N = 380V$，额定电流 $I_N = 4.7A$。

1）低压开关的选用

根据三相异步电动机额定功率 $P_N = 2.2kW$，额定电压 $U_N = 380V$，查阅电工手册低压开关选择可制动电动机的功率为 2.2kW、额定电压为 500V，型号为 HK2—10/3。

2）熔断器的选用

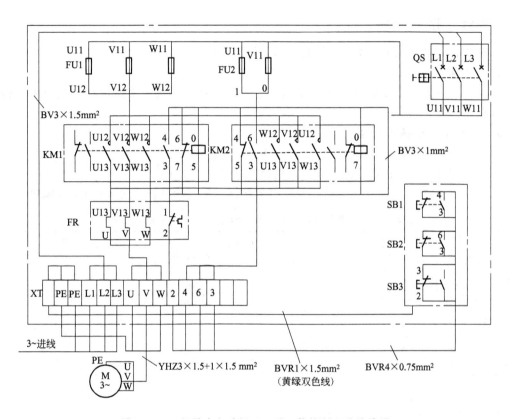

图 2-32 三相异步电动机正—反—停控制电路接线图

由公式 $I_R = (1.5 \sim 2.5) I_N$ 得，$I_R = 2I_N = 2 \times 4.7 = 9.4A$，查阅电工手册熔断器选择额定电流为 10A，额定电压为 380V，型号为 RC1A—10。

控制电路的负载为一个接触器线圈，总功率不超过 65VA，考虑适当的安全余量选用型号为 RC1A—5，额定电流为 1A 的熔断器。

3）接触器的选用

根据公式 $I_N = \dfrac{P_N}{KU_N}$，取 $K=1$，$I_N = \dfrac{P_N}{KU_N} = \dfrac{2.2 \times 10^3}{1 \times 380} \approx 5.8A$，根据此结果选择接触器的型号为 CJ20—10 的接触器，线圈额定电压为 380V。

4）热继电器的选用

根据公式 $I_R = (0.95 \sim 1.05) I_N$，按 $I_R = 1.05I_N = 1.05 \times 4.7 = 4.94A$，故选择了型号为 JR16B—20/3，热元件的额定电流为 7.2A，整定电流为 4.5～7.2A 的热继电器。

5）按钮的选用

根据电气设计要求我选用的是一个组合按钮，选用的按钮型号是 LA19，双联按钮。

6）接线端子的选用

根据电源进线总电流＝电动机的额定电流＋控制线路的电流＝4.7＋0.1＝4.8A，考虑安全裕度，查接线端子产品说明书，选用额定电流为 20A 的接线端子 JXO—20—10。

7）导线的选用

根据主电路的额定电流约为电动机的额定电流 4.7A，考虑导线的安全载流量和使用环境等，查阅了电工手册，选择了主电路导线型号为 BVR/1；根据控制电路的额定电流小于 1A，控制线路导线型号为 BVR/0.75；接地线 BVR/1.5 黄绿双色线。

第三部分　技能训练

训练内容：电动机正—反—停控制电路的连接与检查。

1. 任务描述

根据生产任务单表 2-9，依据电气原理图、电气接线图等技术文件进行电气控制电路的制作和调试。

2. 实训内容及操作步骤

(1) 读懂电气原理图、电气接线图等技术文件。

(2) 三相异步电动机正—停—反控制电路的连接步骤如下。

① 填写三相异步电动机正—反—停控制电路材料配置清单表（表 2-10），并领料。

表 2-10　三相异步电动机正—反—停控制电路材料配置清单表

代号	器件名称	型号规格	数量	备注	代号	器件名称	型号规格	数量	备注
QS	低压开关	HK2—10/3	1		SB3	启停按钮	LA19	1	双联按钮
FU1	熔断器	RC1A—10	3		M	电动机	Y—90L—2	1	2.2kW
FU2	熔断器	RC1A—5	2			配电板		1	
KM1	交流接触器	CJ20—10	1		XT	接线端子	JXO-20-10	1	
KM2	交流接触器	CJ20—10	1		BV	导线	1mm²	若干	
FR	热继电器	JR16B—20/3	1		BVR	导线	0.75mm²	若干	
SB1	启停按钮	LA19	1	双联按钮(红色)	BVR	导线	1.5mm²	若干	黄绿双色线
SB2	启停按钮	LA19	1	双联按钮					

② 工具和仪表的准备。

③ 选择电器元件进行质量检查，然后进行电器元件定位和安装，注意与元件布置图保持一致。

④ 采用板前明配线的配线方式。按单联锁线路的要求认真检查电器元件。按照线路图规定的位置，将各电器元件定位，打孔后固定牢靠。

⑤ 按单联锁线路的要求先接好主电路。辅助电路接线时，可先接各接触器的自保线，然后，接按钮联锁线，最后接辅助触点连锁线。由于辅助电路线号多，应随接线随检查。可以采用每接一条线，就在图上标一个记号的办法，这样可以避免漏接、错接和重复接线。

(3) 试车

① 空操作试验。合上 QS，做以下几项试验。

a. 正反向启动、停车。交替按下按钮 SB2、SB3，观察 KM1、KM2 受其控制的动作情况，细听它们运行的声音，观察按钮联锁作用是否可靠。

b. 检查辅助触点联锁动作。用绝缘棒按下 KM1 触点架，当其自保触点闭合时，KM1线圈立即得电，触点保持闭合；再用绝缘棒轻轻按下 KM2 触点架，使其联锁触点分断，则KM1 应立即释放；继续将 KM2 触点架按到底，则 KM2 得电动作。在用同样的方法检查KM1 对 KM2 的联锁作用。反复操作几次，以观察线路联锁作用的可靠性。

② 带负荷试车。切断电源后接好电动机接线，装好接触器灭弧罩，合上刀开关后试车。先操作 SB2 使电动机正向启动，待电动机达到额定转速后，再操作 SB3，注意观察电动机的转向是否改变。交替操作 SB2 和 SB3 的次数不可太多，动作应慢，防止电动机过载。

(4) 检修。检修采用万用表电阻法，在不通电情况下进行。按住启动按钮测控制电路各点的电阻值，确定故障点。压下接触器衔铁测主电路各点的电阻确定主电路故障并排除（表2-11）。

表 2-11　检修记录单

序号	设备编号	设备名称	故障现象	故障原因	排除方法	所需材料	维修日期

（5）安全操作。在调试和检修及其他项目制作过程中，安全始终是最重要的，带电测试或检修时要经过老师同意且一人监护一人操作，有异常现象立即停车。

第四部分　总结提高

（1）认真总结学习过程，书面完成电路制作与调试过程的工作报告。

（2）正—反—停控制与正—停—反控制的区别是什么。

任务四　电动机自动往返控制电路的连接与检查

任务单：电动机自动往返控制电路制作任务单（表 2-12）

××××有限公司

表 2-12　车间日生产任务作业卡

班组：　　　　　　　　　　　　　　　　　　　　　　　　　　　　年　　月　　日

生产品种	计划生产数		实际完成数	
	上线	下线	上线	下线
电动机自动往返控制电路				

计划下达人：　　　　　　　　　　　　　　　　　　　　　　　　　　班组长：

第一部分　目的与要求

1. 知识目标

① 熟悉电气原理图、接线图和电器安装图的绘制原则；

② 熟悉低压开关、熔断器、热继电器、接触器、行程开关等的选择；

③ 掌握三相异步电动机自动往返控制电路的工作原理。

2. 技能目标

① 能够绘制三相异步电动机自动往返控制电路的电气原理图、接线图；

② 能够编制制作电路的安装工艺计划；

③ 会按照工艺计划进行线路的安装、调试和检修；

④ 会作检修记录。

第二部分　知识链接

1. 电动机自动往返控制电路设计

生产机械的运动部件往往有行程限制，如起重机起升机构的上拉或下放物体必须在一定范围内，否则可能造成危险事故；磨床的工作台带动工件作自动往返，以便旋转的砂轮能对工件的不同位置进行磨削加工。为此常利用行程开关作为控制元件来控制电动机的正反转。如图 2-33 所示为电动机带动运动部件自动往返示意图。图中 SQ1、SQ2 为两端限位行程开关，撞块 A、B 固定在运动部件上,随着运动部件的移动,在两端分别压下行程开关 SQ1、SQ2,改变电路的通断状态,使电动机实现正反转,从而进行往复运动。图中 SQ3、SQ4 分别为正反向极限保护用行程开关。

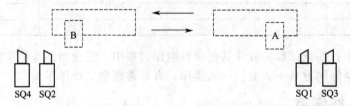

图 2-33 电动机带动运动部件自动往返示意图

如图 2-34 所示为自动往返的控制电路。电路工作原理如下所示。合上电源开关 QS,按下正转启动按钮 SB2→KM1 通电自锁,电动机正转,拖动运动部件向左运动→当部件运动到使其上的撞块 B 压下行程开关 SQ2 时,SQ2 动断触点断开,KM1 失电释放,SQ2 动合触点闭合,使 KM2 得电自锁,电动机正转变为反转,拖动运动部件朝右运动→当撞块 A 压下行程开关 SQ1 时,电动机又由反转变正转。如此周而复始,运动部件即在受限制的行程范围内进行往返运动。当按下停止按钮时,电动机失电,运动部件停止运动。当 SQ1 或 SQ2 失灵时,由极限保护行程开关 SQ3、SQ4 动作,实现终端位置的限位保护。此电路具有采用接触器动断触点实现的电气互锁和用按钮实现的机械互锁,同时当电动机功率较小时,在运动过程中可利用按钮实现直接反向。

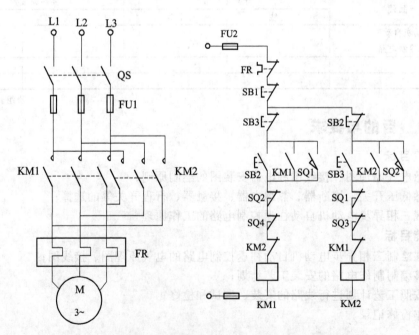

图 2-34 三相异步电动机自动往返控制电路的电气原理图

2. 三相异步电动机自动往返控制电路的电气元件布置图

三相异步电动机自动往返控制电路的电气元件布置图如图 2-35 所示。

3. 三相异步电动机自动往返控制电路的电气接线图

电气元件的总体布局与双重联锁的正反向控制线路相同,在接线端子板 XT 的符号上面留出 3 个端子的位置以安装行程开关的连线。其接线图如图 2-36 所示。

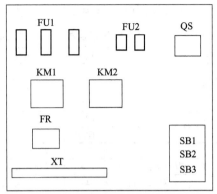

图 2-35 三相异步电动机自动往返控制电路的电气元件布置图

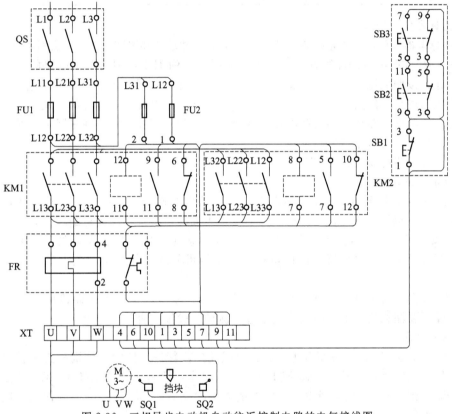

图 2-36 三相异步电动机自动往返控制电路的电气接线图

第三部分 技能训练

训练内容：电动机正—停—反控制电路的连接与检查。

1. 任务描述

根据生产任务单表 2-12，依据电气原理图、电气接线图等技术文件进行电气控制电路的制作和调试。

2. 实训内容及操作步骤

（1）读懂电气原理图、电气接线图等技术文件。

（2）三相异步电动机自动往返控制电路的连接。

① 填写三相异步电动机自动往返控制电路材料配置清单表（表 2-13），并领料。

表 2-13　三相异步电动机自动往返控制电路材料配置清单表

代号	器件名称	型号规格	数量	备注	代号	器件名称	型号规格	数量	备注
QS	低压开关	HK2—10/3	1			配电板		1	
FU1	熔断器	RC1A—10	3		XT	接线端子	JXO—20—10	1	
FU2	熔断器	RC1A—5	2		BV	导线	1mm²	若干	
KM1	交流接触器	CJ20—10	1		BVR	导线	0.75mm²	若干	
KM2	交流接触器	CJ20—10	1		BVR	导线	1.5mm²	若干	黄绿双色线
FR	热继电器	JR16B—20/3	1		SQ1	行程开关	LJXK—11	1	
SB1	启停按钮	LA19	1	双联按钮(红色)	SQ2	行程开关	LJXK—11	1	
SB2	启停按钮	LA19	1	双联按钮	SQ3	行程开关	LJXK—11	1	
SB3	启停按钮	LA19	1	双联按钮	SQ4	行程开关	LJXK—11	1	
M	电动机	Y—90L—2	1	2.2KW					

② 工具和仪表准备。

③ 选择电器元件进行质量检查，然后进行电器元件定位和安装，注意与元件布置图一致。

④ 采用板前明配线的配线方式。按照板前明配线的配线规则先配主电路的线，从电源侧开始配起，按照低压开关、熔断器、交流接触器、热继电器、接线的次序，直到接线端子上接电动机的线止、然后配控制电路的线，从控制电路接电源的一侧开始直到另一侧接电源止。注意主电路的线路通道和控制电路的线路通道应分开布置，线路横平竖直，统一平面内不交叉、不重叠，力求整齐美观。

（3）三相异步电动机自动往返控制电路的调试与检修

① 调试前的准备

a. 低压开关、接触器、按钮、热继电器和电动机的检查如前所述。另外还要认真检查行程开关，主要包括检查滚轮和传动部件动作是否灵活，检查触点的通断情况。

b. 将安装底板上的电器元件固定好。在设备上规定位置安装行程开关，调整运动部件上挡块与行程开关的相对位置，使挡块在运动中能可靠地操作行程开关上的滚轮并使触点动作。

c. 照图接线，注意用护套线连接行程开关，护套线应固定在不妨碍机械装置运动的位置上。另外还要注意要对电路的绝缘电阻进行测试，验证是否符合要求。

② 调试过程

a. 合上低压开关 QS，按照双重联锁控制线路的步骤进行试验，分别检查各控制、保护环节的动作。正常后，再操作 SB2 使 KM1 得电动作，然后用绝缘棒按下 SQ2 的滚轮，使其断点分断，则 KM1 应失电释放。用同样的方法检查 SQ1 对 KM2 的控制作用，以检查行程控制线路动作的可靠性。

b. 带负荷调试。断开 QS，接好电动机接线，装好接触器的灭弧罩，合上到开关 QS。先检查电动机的转向是否正确。按下 SB2，电动机启动，机械设备上的部件开始运动，如运动方向指向 SQ2 则符合要求；若方向相反，则应立即停车，以免因行程控制开关不起作用，造成机械故障。此时，可将刀开关 QS 上端子处的任意两相进线对调，再接通电源试车。然后再操作 SB3 使电动机反向运动，检查 KM2 的改换相序作用。

其次检查行程开关的限位控制作用。当电动机启动正向运动，机械部件到达规定位置附近时，要注意观察挡块与行程开关 SQ2 滚轮的相对位置。SQ2 被挡块操作后，电动机应立即停车。按下反向启动按钮 SB3 时，电动机应能拖动机械部件返回。如出现电动机不能控制的情况，应立即停车检查。

③ 检修。检修仍采用万用表电阻法，在不通电情况下进行，按住启动按钮测控制电路

各点的电阻值，确定故障点。

线路常见的故障与双联锁正反向控制线路类似。限位控制部分故障主要有挡块、行程开关的固定螺钉松动造成动作开关失灵等。

（4）填写检修记录单（表 2-14）。

表 2-14　检修记录单

序号	设备编号	设备名称	故障现象	故障原因	排除方法	所需材料	维修日期

（5）安全操作。在调试和检修及其他项目制作过程中，安全始终是最重要的，带电测试或检修时要经过老师同意且一人监护一人操作，有异常现象立即停车。

第四部分　总结提高

（1）认真总结学习过程，书面完成电路制作与调试过程的工作报告。

（2）根据本任务所掌握的知识和技能回答下列问题。

① 如何检查 SQ1 对 KM2 的控制作用？

② 若试车中发现正方向行程控制动作正常，而反方向无行程控制作用，挡块操作 SQ2，而电动机不停车。试分析故障可能的原因？

学习情境三　降压启动控制环节的连接与检查

【学习内容】

三相异步电动机降压启动方式：三相异步电动机手动 Y—△降压启动控制、按钮转换的 Y—△降压启动控制和时间继电器转换的 Y—△降压启动控制电路的工作原理及其安装、调试与维修方法。

【学习目标】

掌握三相异步电动机 Y—△降压启动控制电路的工作原理；能够绘制、识读电气图；能够完成常用电气控制元件和保护元件的选择；能够制作常用的三相异步电动机 Y—△降压启动控制电路，并进行故障诊断和排除；完成制作和检修技术文件的整理与记录等工作。

任务一　三相异步电动机手动 Y—△降压启动控制电路的连接与检查

任务单：三相异步电动机手动 Y—△降压启动控制电路制作任务单（表3-1）

××××有限公司

表 3-1　车间日生产任务作业卡

班组：　　　　　　　　　　　　　　　　　　　　　　　　　　　年　　月　　日

生产品种	计划生产数		实际完成数	
	上线	下线	上线	下线
手动 Y—△降压启动控制电路				

计划下达人：　　　　　　　　　　　　　　　　　　　　　　　　　班组长：

第一部分　目的与要求

1. 知识目标

掌握三相异步电动机手动 Y—△降压启动控制电路的工作原理。

2. 技能目标

① 能够绘制三相异步电动机手动 Y—△降压启动控制电路的原理图、接线图；

② 能够编制制作电路的安装工艺计划；

③ 能够按照工艺计划进行线路的安装、调试和检修；

④ 会作检修记录。

第二部分 知识链接

　　三相异步电动机的启动方式有直接启动和降压启动。通常中、小型容量的三相异步电动机均采用直接启动方式，启动时将电动机的定子绕组直接接在额定电压的交流电源上，电动机在额定电压下直接启动。而对于大容量电动机，因电动机的启动电流较大，线路的压降就大，负载的端电压就降低了，在启动时会影响电动机附近电气设备的正常运行，因此，一般情况下大容量电动机启动采用降压启动。降压启动是指启动时降低加在电动机定子绕组上的电压，当电动机启动后再将电压恢复到额定值，常用的降压启动方式有定子绕组串接电阻降压启动、自耦变压器降压启动、Y—△降压启动、延边三角形降压启动等。

　　三相异步电动机手动 Y—△降压启动控制电路的电气原理图如图 3-1 所示。图中，手动控制开关 SA 有两个位置，分别是电动机定子绕组 Y 形和△形连接。工作原理为：启动时，合上电源开关 QS，将三刀双掷开关 SA 扳到启动位置（Y），此时定子绕组接成 Y 形，各相绕组承受的电压为额定电压的 $1/\sqrt{3}$。待电动机转速接近稳定时，再把三刀双掷开关 SA 迅速扳到运行位置（△），使定子绕组改为△接法，此时每相绕组承受的电压为额定电压，电动机进入正常运行状态。

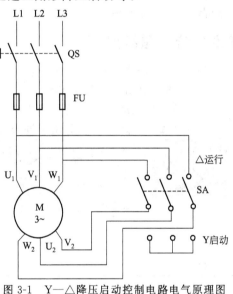

图 3-1　Y—△降压启动控制电路电气原理图

第三部分 技能训练

1. 任务描述

　　根据生产任务单表 3-1，依据电气原理图，结合电动机技术参数，合理选用电气元器件、绘制电气元器件布置图和电气安装接线图等技术文件，并进行电气控制电路的制作和调试。

2. 实训内容及操作步骤

　　（1）读懂电气原理图，根据电动机技术参数合理选用电气元器件、绘制电气元器件布置图和电气安装接线图等技术文件。

　　（2）三相异步电动机手动 Y—△降压启动控制电路的连接。

　　① 填写三相异步电动机手动 Y—△降压启动控制电路材料配置清单表（见表 3-2），并领料。

表 3-2　三相异步电动机手动 Y—△降压启动控制电路材料配置清单表

代号	器件名称	型号规格	数量	备 注
QS	低压开关			
FU	熔断器			
SA	手动开关			
	配电板			
XT	接线端子			
BV	导线			

　　② 对电器元件进行质量检查，然后进行电器元件的定位和安装，注意与元件布置图一致。

　　③ 按电气接线图进行电路的连接。

　　（3）三相异步电动机手动 Y—△降压启动控制电路的调试与检修

　　① 调试前的准备

　　a. 检查电器元件位置是否正确、有无损坏，导线规格和接线方式是否符合设计要求。

b. 对电路的绝缘电阻进行测试，连接导线的绝缘电阻不小于 7MΩ，电动机的绝缘电阻不小于 0.5MΩ。

② 调试过程

a. 接通电源，将电源开关 QS 合上，将三刀双掷开关 SA 扳到启动位置（Y），三相异步电动机 Y 连接启动，检查电动机转向和转速是否正常。若发现异常立即断电检修，查明原因，找出故障，消除故障再调试，直至正常。

b. 三相异步电动机 Y 启动正常后，待电动机转速接近稳定时，再把三刀双掷开关 SA 迅速扳到运行位置（△），使定子绕组改为△接法，此时每相绕组承受的电压为额定电压，检查电动机的转向和转速是否正常。若发现异常立即断电检修，查明原因，找出故障，消除故障再调试，直至正常。

第四部分　总结提高

（1）认真总结学习过程，书面完成电路制作与调试过程的工作报告。

（2）根据本任务所掌握的知识和技能回答下列问题。

① 三相异步电动机有哪几种降压启动方法？各有什么特点？适用于什么场合？

② 手动 Y—△降压启动适用于场合？

任务二　三相异步电动机按钮转换的 Y—△降压启动控制电路的连接与检查

任务单：三相异步电动机按钮转换的 Y—△降压启动控制电路制作任务单（表 3-3）

××××有限公司

表 3-3　车间日生产任务作业卡

班组：　　　　　　　　　　　　　　　　　　　　　　　　　　　　　　　　年　　月　　日

生产品种	计划生产数		实际完成数	
	上线	下线	上线	下线
按钮转换的 Y—△降压启动控制电路				

计划下达人：　　　　　　　　　　　　　　　　　　　　　　　　　　　　　班组长：

第一部分　目的与要求

1. 知识目标

掌握三相异步电动机按钮转换的 Y—△降压启动控制电路的工作原理。

2. 技能目标

① 能够绘制三相异步电动机按钮转换的 Y—△降压启动控制电路的原理图、接线图；

② 能够制作电路的安装工艺计划；

③ 能够按照工艺计划进行线路的安装、调试和检修；

④ 会作检修记录。

第二部分　知识链接

采用按钮操作，用接触器接通电源和改换电动机绕组的接法，这种方法不但操作方便，而且还可以对电动机进行失压保护。

1. 按钮转换的 Y—△降压启动控制电路的电气原理图

三相异步电动机按钮转换的 Y—△降压启动控制电路的电气原理图如图 3-2 所示。图中，KM1 是电源接触器，KM2 是 Y 接触器，KM3 是△接触器。其中，KM2 和 KM3 不能同时得电，否则会造成电源短路。控制电路中 SB1 为停车按钮，SB2 为 Y 启动按钮，复合式按钮 SB3 控制△运行状态。

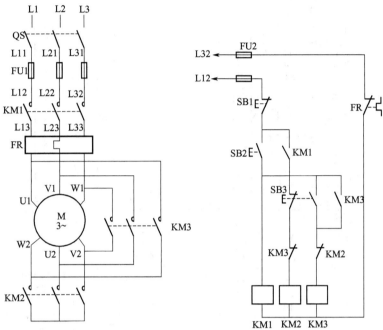

图 3-2　按钮转换的 Y—△降压启动控制电路的电气原理图

三相异步电动机按钮转换的 Y—△降压启动控制线路动作原理为：合上刀开关 QS，按下 SB2，KM1、KM2 线圈得电，它们的主触点闭合，电动机 Y 接法启动。同时，KM1 常开辅助触点闭合，实现自锁，KM2 常闭触点断开，实现互锁。待电动机转速接近额定转速时，按下 SB3，KM2 线圈失电，其主触点复位断开，电动机 Y 接法解除。同时 KM2 辅助触点复位闭合，KM3 线圈得电，电动机△运行。同时 KM3 常闭辅助触点断开，实现互锁，常开辅助触点闭合，实现自锁。

停车时按下 SB1，控制电路断电，各接触器释放，电动机停车。

2. 按钮转换的 Y—△降压启动控制电路的电气接线图

按钮转换的 Y—△降压启动控制电路的电气接线图如图 3-3 所示。将刀开关 QS、熔断器 FU1、接触器 KM1 和 KM3 排成一条直线，KM2 与 KM3 并列走线更方便。

第三部分　技能训练

1. 任务描述

根据生产任务单表 3-3，依据电气原理图，电气接线图，结合电动机技术参数，合理选用电气元器件、绘制电气元器件布置图等技术文件，并进行电气控制电路的制作和调试。

2. 实训内容及操作步骤

(1) 读懂电气原理图，电气接线图，根据电动机技术参数合理选用电气元器件、绘制电气元器件布置图等技术文件。

(2) 三相异步电动机按钮转换 Y—△降压启动控制电路的连接

① 填写三相异步电动机按钮转换 Y—△降压启动控制电路材料配置清单表（表 3-4），并领料。

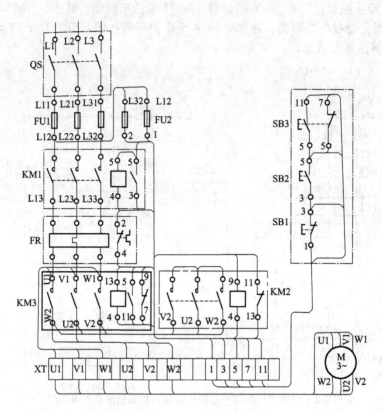

图 3-3　按钮转换的 Y—△降压启动控制电路的电气接线图

表 3-4　三相异步电动机按钮转换 Y—△降压启动控制电路材料配置清单表

代号	器件名称	型号规格	数量	备注
QS	低压开关			
FU1	熔断器			
KM1	接触器			
FR	热继电器			
KM2	接触器			
KM3	接触器			
FU2	熔断器			
	配电板			
SB1	按钮			
SB2	按钮			
SB3	按钮			
XT	接线端子			
BV	导线			
BVR	导线			

② 对电器元件进行质量检查，然后进行电器元件定位和安装，注意与元件布置图一致。

③ 按电气接线图进行电路的连接。

(3) 三相异步电动机按钮转换 Y—△降压启动控制电路的调试与检修

① 调试前的准备

a. 检查电路元件位置是否正确、有无损坏，导线规格和接线方式是否符合设计要求。

b. 对电路的绝缘电阻进行测试，连接导线的绝缘电阻不小于 7MΩ，电动机的绝缘电阻不小于 0.5 MΩ。

②　调试过程

a. 空操作试验，接通电源，将电源开关 QS 合上，按下启动按钮 SB2，KM1 和 KM2 应同时动作并保持吸合状态；轻按 SB3 使其常闭触点断开，则 KM2 断电释放而 KM1 仍保持吸合；将 SB3 按到底后松开，KM3 线圈应得电吸合并保持；按 SB1，各接触器均释放。检查各控制动作是否正常。若发现异常立即断电检修，查明原因，找出故障，消除故障再调试，直至正常。

b. 带负荷试车，断开 QS，接好电动机接线，合上 QS，按下 SB2，电动机启动，转速逐渐上升；待转速接近额定转速时（4～5s），按下 SB3，电动机进入全压运行，转速达到额定值；按下 SB1，电动机断电停车。试车中如发现电动机运转异常，应立即停车检查。

③　故障现象及原因分析。按钮转换 Y—△降压启动控制线路故障多种情况，导致故障发生的原因也是多样的，应通过对故障现象进行分析，逐个排查故障原因，并进行故障排除。具体故障现象、产生的原因、排除的方法见表 3-5。

表 3-5　故障列表

故障现象	故障原因	故障排除
空载试车正常，负荷试车时电动机有异响，转速急速下降	空载正常，辅助电路正常，主电路有故障，故障出现在主电路改接△	检查主电路,在电路换接△时,相序接错,进入反接制动
电动机不能进入△运行状态	按钮 SB3 按下进入△运行状态，松开又退回 Y 形	检查辅助电路,发现 KM3 常开辅助触点的端子接线松开,无法自保
带负荷试车，电动机发出异响，正反两个方向颤动	电动机缺相运行，熔断器、KM1、KM2 主触点连线处有断路点	检查熔断器、KM1、KM2 触点,并查看接线,紧固各端子

第四部分　总结提高

（1）认真总结学习过程，书面完成电路制作与调试过程的工作报告。

（2）根据本任务所掌握的知识和技能回答下列问题。

①　简述按钮转换的 Y—△降压启动控制电路的用途。

②　绘制按钮转换的 Y—△降压启动控制电路的原理图和接线图。

③　简述按钮转换的 Y—△降压启动控制电路的工作原理。

④　简述电路的故障判断方法。

任务三　**三相异步电动机时间继电器转换的 Y—△降压启动控制电路的连接与检查**

任务单：三相异步电动机时间继电器转换的 Y—△降压启动控制电路制作任务单（表 3-6）

××××有限公司

表 3-6　车间日生产任务作业卡

班组：　　　　　　　　　　　　　　　　　　　　　　　　　年　　月　　日

生产品种	计划生产数		实际完成数	
	上线	下线	上线	下线
时间继电器转换的 Y—△降压启动控制电路				

计划下达人：　　　　　　　　　　　　　　　　　　　　　　　　　　　　班组长：

第一部分　目的与要求

1. 知识目标

掌握三相异步电动机时间继电器转换的 Y—△降压启动控制电路的工作原理。

2. 技能目标

① 能够绘制三相异步电动机时间继电器转换的 Y—△降压启动控制电路的原理图、接线图；

② 能够制作电路的安装工艺计划；

③ 能够按照工艺计划进行线路的安装、调试和检修；

④ 会作检修记录。

第二部分　知识链接

1. 时间继电器转换的 Y—△降压启动控制电路的原理图

三相异步电动机时间继电器转换的 Y—△降压启动控制电气原理图如图 3-4 所示。主电路与按钮转换的 Y—△降压启动控制线路的主电路相同，只不过控制电路中增加了时间继电器 KT，用来控制 Y—△转换的时间。

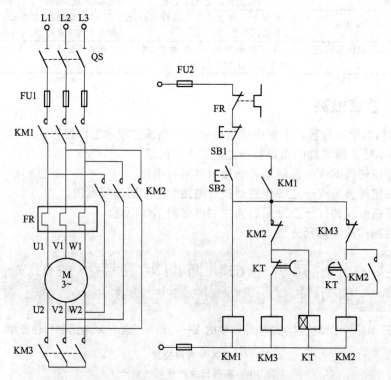

图 3-4　时间继电器转换的 Y—△降压启动控制电气原理图

三相异步电动机时间继电器转换的 Y—△降压启动控制电路工作原理为：合上刀开关 QS，按下 SB2，交流接触器 KM1 的线圈得电，它的主触点闭合，其常开辅助触点闭合，实现自锁；时间继电器 KT 的线圈得电，主触点闭合，并开始计时；接触器 KM3 的线圈通过 KT 的延时断开触点闭合得电，其主触点闭合将电动机尾部连接，电动机接成 Y 形启动。当电动机转速接近额定转速时，时间继电器 KT 延时结束，KT 延时断开触点断开，KM3 线圈断电，KM3 主触点断开；同时 KT 延时闭合触点闭合，KM2 线圈得电并自锁，其主触点闭合，使得电动机接成△形全压运行，KM2 常开辅助触点闭合，实现自锁。同时 KM2 的常闭辅助触点断开，使 KT 线圈断电，避免时间继电器 KT 长期工作，这样可延长继电器的使用寿命并节约电能。控制电路中，KM2、KM3 常闭触点实现互锁控制。停止时，按下 SB1，KM1 和 KM2 相继断电释放，电动机停转。

2. 时间继电器转换的 Y—△降压启动控制电路的电气接线图

时间继电器转换的 Y—△降压启动控制电路的电气接线图如图 3-5 所示。将刀开关 QS、熔断器 FU1、接触器 KM1 和 KM2 排成一条直线，KM2 与 KM3 并列走线更方便。

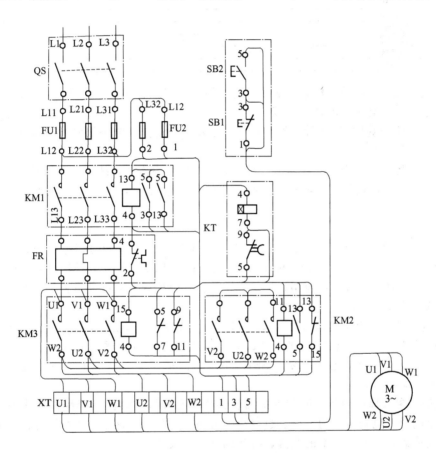

图 3-5　时间继电器转换的 Y—△降压启动控制电路的电气接线图

第三部分　技能训练

1. 任务描述

根据生产任务单表 3-6，依据电气原理图，电气接线图，结合电动机技术参数，合理选用电气元器件、绘制电气元器件布置图等技术文件，并进行电气控制电路的制作和调试。

2. 实训内容及操作步骤

(1) 读懂电气原理图，电气接线图，根据电动机技术参数合理选用电气元器件、绘制电气元器件布置图等技术文件。

(2) 三相异步电动机时间继电器转换 Y—△降压启动控制电路的连接。

① 填写三相异步电动机时间继电器转换 Y—△降压启动控制电路材料配置清单表（表 3-7），并领料。

表 3-7　三相异步电动机时间继电器转换 Y—△降压启动控制电路材料配置清单表

代号	器件名称	型号规格	数量	备 注
QS	低压开关			
FU1	熔断器			
KM1	接触器			
FR	热继电器			
KM2	接触器			
KM3	接触器			
FU2	熔断器			
	配电板			
SB1	按钮			
SB2	按钮			
KT	时间继电器			
XT	接线端子			
BV	导线			
BVR	导线			

② 对电器元件进行质量检查，然后进行电器元件定位和安装，注意与元件布置图一致。

③ 按电气接线图进行电路的连接。

（3）三相异步电动机时间继电器转换 Y—△降压启动控制电路的调试与检修

① 调试前的准备

a. 检查电路元件的位置是否正确、有无损坏，导线规格和接线方式是否符合设计要求。

b. 对电路的绝缘电阻进行测试，连接导线的绝缘电阻不小于 7MΩ，电动机的绝缘电阻不小于 0.5 MΩ。

② 调试过程

a. 空操作试验。合上 QS，按下 SB2，KM1、KM3、KT 应同时得电吸合；延时一定时间后，KT、KM3 失电释放，同时 KM2 得电吸合；按 SB1，各接触器均释放。调节 KT 的针阀，调节延时时间。检查各控制动作是否正常。若发现异常立即断电检修，查明原因，找出故障，消除故障再调试，直至正常。

b. 带负荷试车。断开 QS，接好电动机接线，仔细检查主电路各熔断器的接触情况，检查各端子的接线情况。合上 QS，按下 SB2，电动机启动，转速逐渐上升；延时时间到后线路转换，电动机进入全压运行；按下 SB1，电动机断电停车。试车中如发现电动机运转异常，应立即停车检查。

③ 故障现象及原因分析。时间继电器转换 Y—△降压启动控制线路故障多种情况，导致故障发生的原因也是多样的，应通过对故障现象进行分析，逐个排查故障原因，并进行故障排除。具体故障现象、产生的原因、排除的方法见表 3-8。

表 3-8　故障列表

故障现象	故障原因	故障排除
按下 SB2，KT、KM1、KM3 均通电动作，但长时间无转换	时间继电器故障	检修时间继电器
按下 SB2，KT、KM1、KM3 均通电动作，但电动机有异响，转轴正反向颤动	电动机缺相，不能产生旋转磁场，而且单相启动大电流造成电弧	检查主电路的各熔断器和接触器主触点

第四部分　总结提高

（1）认真总结学习过程，书面完成电路制作与调试过程的工作报告。

（2）根据本任务所掌握的知识和技能回答下列问题。

① 简述时间继电器转换的 Y—△降压启动自动控制线路的用途、组成结构。

② 简述时间继电器转换的 Y—△降压启动的工作原理。

③ 绘制时间继电器转换的 Y—△降压启动自动控制线路的原理图和接线图。

学习情境四　绕线式电动机启动控制电路的连接与检查

【学习内容】

频敏变阻器的结构参数、动作原则和选择方法；绕线式电动机转子串电阻启动控制电路的构成、动作原理及其安装、调试与维修方法；绕线式电动机转子串频敏变阻器的构成、动作原理及其安装、调试与维修方法。

【学习目标】

了解频敏变阻器的结构参数、动作原则和选择方法；掌握绕线式电动机启动控制电路的组成和动作原理；能够绘制、识读电气图；能够完成常用电气控制元件和保护元件的选择；能够制作常用绕线式电动机启动控制电路，并熟练进行故障诊断和排除；完成制作和检修技术文件的整理与记录等工作。

任务一　绕线式电动机转子串电阻启动控制电路的连接与检查

任务单：绕线式电动机转子串电阻启动控制电路制作任务单（表4-1）

××××有限公司

表4-1　车间日生产任务作业卡

班组：　　　　　　　　　　　　　　　　　　　　　　　　　　年　　月　　日

生产品种	计划生产数		实际完成数	
	上线	下线	上线	下线
绕线式电动机转子串电阻启动控制电路				

计划下达人：　　　　　　　　　　　　　　　　　　　　　　　　班组长：

第一部分　目的与要求

1. 知识目标

掌握绕线式电动机转子串电阻启动控制电路的组成和工作原理。

2. 技能目标

① 能够绘制绕线式电动机转子串电阻启动控制电路的原理图、接线图；

② 能够制作电路的安装工艺计划；

③ 能够按照工艺计划进行线路的安装、调试和检修；

④ 能够进行故障排除，会作检修记录。

第二部分　知识链接

根据绕线式电动机启动过程中转子电流变化及所需启动时间的特点，启动控制电路有时间原则控制电路和电流原则控制电路两种。

1. 时间原则转子串电阻启动控制电路的电气原理图

时间原则转子串电阻启动控制电路电气原理图如图 4-1 所示。图中，KM1 是电源接触器，KM2～KM4 为短接转子电阻接触器；R1、R2、R3 为转子外接电阻；KT1～KT3 为启动时间继电器，自动控制电阻的短接。

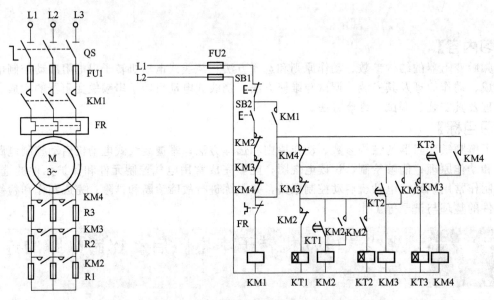

图 4-1　时间原则转子串电阻启动控制电路的电气原理图

时间原则转子串电阻启动控制电路工作原理为：合上刀开关 QS，按下启动按钮 SB2，交流接触器 KM1 的线圈得电，它的主触点闭合，其常开辅助触点闭合，实现自锁；时间继电器 KT 的线圈得电，主触点闭合，开始延时；KT1 延时时间到，延时常开辅助触点闭合，KM2 的线圈得电，常开辅助触点闭合，实现自锁；KM2 主触点闭合，切除电阻 R1；KM2 常闭辅助触点断开，KT1 的线圈失电；KM2 的另一个常开辅助触点闭合，KT2 线圈得电，主触点闭合，开始延时；KT2 延时时间到，KM3 线圈得电，常开辅助触点闭合，实现自锁；KM3 主触点闭合，切除电阻 R1、R2；KM3 常闭辅助触点断开，KT2、KM2 失电；KM3 另一常开辅助触点闭合，KT3 线圈得电，主触点闭合，开始延时；延时时间到，延时常开辅助触点闭合，KM4 线圈得电，常开辅助触点闭合，实现自锁；KM4 主触点闭合，切除电阻 R1、R2、R3；KM4；KM4 常闭辅助触点断开，KT3、KM3 失电。最后，电动机短接所有电阻进入正常运行。正常工作时，线路仅有 KM1、KM4 通电工作，其他电器全部停止工作，这样既节省了电能，又延长了电器的使用寿命，提高了电路工作的可靠性。

2. 电流原则转子串电阻启动控制电路的电气原理图

电流原则转子串电阻启动控制电路电气原理图如图 4-2 所示。图中，KM4 是电源接触器，KM1～KM3 为短接转子电阻接触器；R1、R2、R3 为转子外接电阻；KI1～KI3 为欠电流继电器，其线圈串联在电动机转子的回路中，3 个电流继电器的动作电流相同，但释放电流不同，KI1 释放电流最大，KI2 次之，KI3 最小；KA 为中间继电器，用以获得短暂的延时。

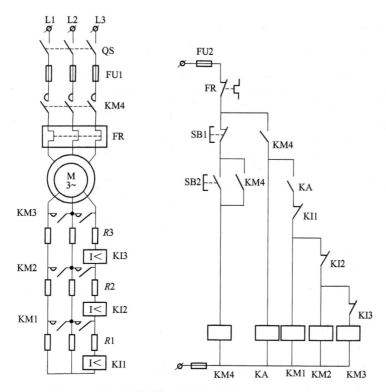

图 4-2 电流原则转子串电阻启动控制电路的电气原理图

电流原则转子串电阻启动控制电路工作原理为：合上刀开关 QS，按下启动按钮 SB2，交流接触器 KM4 线圈得电，它的主触点闭合，其常开辅助触点闭合，实现自锁，KA 通电动作，电动机全压启动。刚启动时，启动电流很大，电流继电器 KI1～KI3 全部吸合，控制电路中的常闭触点全部断开，保证 KM1、KM2、KM3 线圈不得电，转子串全电阻启动。随着电动机转速的升高，转子电流逐渐减小，KI1 最先释放，其常闭触点闭合，KM1 线圈得电，KM1 主触点闭合短接电阻 R1，电流再减小时，KM2、KM3 依次动作，电阻 R2、R3 被依次短接切除，电动机启动完毕，进入正常运行。

中间继电器 KA 是为保证启动时转子串接全部电阻而设置的。若无 KA，则当电动机启动电流由零增大且在尚未达到电流继电器吸合电流时，电流继电器未动作，将使 KM1、KM2、KM3 线圈同时得电，相应主触点同时闭合，转子电阻将被全部短接，电动机便进行直接启动。而设置 KA 后，当按下启动按钮 SB2，KM4 线圈得电，KM4 常开辅助触点闭合，KA 线圈得电，KA 常开触点闭合，在这之前，启动电流早已达到电流继电器的吸合整定值并已动作，KI1～KI3 常闭触点断开，将 KM1～KM3 线圈电路切断，确保转子电阻全部接入，避免了电动机不串电阻直接启动。

第三部分 技能训练

1. 任务描述

根据生产任务单表 4-1，依据图 4-1 电气原理图，结合电动机技术参数，合理选用电气元器件、绘制电气元器件布置图、电气接线图等技术文件，并进行电气控制电路的制作和调试。

2. 实训内容及操作步骤

（1）读懂电气原理图，根据电动机技术参数合理选用电气元器件、绘制电气元器件布置图、电气接线图等技术文件。

(2) 时间原则转子串电阻启动控制电路的连接

① 填写时间原则转子串电阻启动控制电路材料配置清单表（表 4-2），并领料。

表 4-2　时间原则转子串电阻启动控制电路材料配置清单表

代号	名称	型号规格	数量	用途	代号	名称	型号规格	数量	用途
QS	低压开关				KT1	时间继电器			
FU1	熔断器				KT2	时间继电器			
FU2	熔断器				KT3	时间继电器			
KM1	接触器				R1	电阻器			
KM2	接触器				R2	电阻器			
KM3	接触器				R3	电阻器			
KM4	接触器				XT	接线端子			
FR	热继电器				BV	导线			
SB1	按钮				BVR	导线			
SB2	按钮								

② 对电器元件进行质量检查，然后进行电器元件定位和安装，注意与元件布置图一致。

③ 按电气接线图进行电路的连接。

(3) 时间原则转子串电阻启动控制电路的调试与检修

① 调试前的准备

a. 检查电路元件位置是否正确、有无损坏，导线规格和接线方式是否符合设计要求。

b. 对电路的绝缘电阻进行测试，连接导线的绝缘电阻不小于 7MΩ，电动机绝缘电阻不小于 0.5MΩ。

② 调试过程

a. 空操作试验。合上 QS，按下 SB2，KM1、KT1 立即得电动作；延时一段时间后，KM2、KT2 得电，再延时一段时间后，KM3、KT3 得电动作，同时 KT1、KM2、KT2 失电释放，再延时一段时间，KM4 得电动作，同时 KM3、KT3 失电释放，最后只有 KM1、KM4 得电吸合。调节 KT 的针阀，使其延时更准确。按下 SB1，所有线圈失电。检查各控制动作是否正常。若发现异常立即断电检修，查明原因，找出故障，消除故障再调试，直至正常。

b. 带负荷试车。断开 QS，接好电动机接线，仔细检查主电路各熔断器的接触情况，检查各端子的接线情况。合上 QS，按下 SB2，电动机启动，转速逐渐上升；延时一段时间后，电动机转速再次上升，再延时一段时间后，电动机转速再次上升，再延时一段时间后，电动机进入全压运行；按下 SB1，电动机断电停车。试车中如发现电动机运转异常，应立即停车检查。

③ 故障现象及原因分析。时间原则转子串电阻启动控制电路故障多种情况，导致故障发生的原因也是多样的，应通过对故障现象进行分析，逐个排查故障原因，并进行故障排除。具体故障现象、产生的原因、排除的方法见表 4-3。

表 4-3　故障列表

故障现象	故障原因	故障排除
电动机有异响，不能转动	(1) 转子串接电阻故障 (2) 接触器故障	(1) 先检查转子串接电阻是否正常 (2) 利用电动机定子电流的大小，初步估计哪一级接触器故障，如无法确定，从最末一级开始检测接触器主触点

第四部分　总结提高

（1）认真总结学习过程，书面完成电路制作与调试过程的工作报告

（2）根据本任务所掌握的知识和技能回答下列问题

① 简述电流继电器的类型及工作原理。

② 绕线式电动机的特点和使用场合有哪些？

③ 绕线式电动机串电阻启动控制的目的和方法是什么？

④ 简述绕线式电动机串电阻启动控制的工作原理。

⑤ 绘制绕线式电动机串电阻启动控制电路的电气原理图和电气接线图。

任务二　绕线电动机转子串频敏变阻器启动控制电路的连接与检查

任务单：绕线电动机转子串频敏变阻器启动控制电路制作任务单（表4-4）

××××有限公司

表 4-4　车间日生产任务作业卡

班组：　　　　　　　　　　　　　　　　　　　　　　　　　　　　　年　　月　　日

生产品种	计划生产数		实际完成数	
	上线	下线	上线	下线
绕线电动机转子串频敏变阻器启动控制电路				

计划下达人：　　　　　　　　　　　　　　　　　　　　　　　　　　　　　班组长：

第一部分　目的与要求

1. 知识目标

掌握绕线电动机转子串频敏变阻器启动控制电路的工作原理。

2. 技能目标

① 能够绘制绕线电动机转子串频敏变阻器启动控制电路的电气布置图、电气接线图；

② 能够制作电路的安装工艺计划；

③ 能够按照工艺计划进行线路的安装、调试和检修；

④ 会作检修记录。

第二部分　知识链接

绕线电动机转子串频敏变阻器启动控制电路电气原理图如图4-3所示。图中，KM1是电源接触器，KM2为短接频敏变阻器接触器；KT为时间继电器。

转子串频敏变阻器启动控制电路工作原理为：合上刀开关QS，按下启动按钮SB2，时间继电器KT线圈得电，断电延时常闭触点断开，而常开辅助触点闭合，KM1线圈得电并自锁，主触点闭合，电动机转子串接频敏变阻器启动。随着转速上升，频敏变阻器的阻抗逐渐减小。当转速上升到接近额定转速时，时间继电器KT延

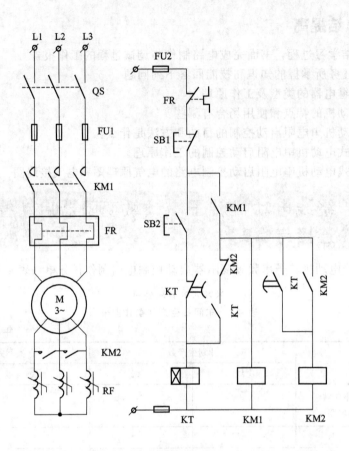

图 4-3 绕线电动机转子串频敏变阻器启动控制电路电气原理图

时整定时间到，其通电延时常开触点闭合，线圈 KM2 得电并自锁，主触点闭合，频敏变阻器被短接电动机进入正常运行。

该电路 KM1 线圈通电需在 KT、KM2 触点工作正常条件下进行，若发生 KM2 触点粘连、KT 触点粘连、KT 线圈断线等故障，KM1 线圈将无法得电，从而避免了电动机直接启动和转子长期串接频敏变阻器运行的不正常现象发生。

第三部分 技能训练

1. 任务描述

根据生产任务单表 4-4，依据图 4-3 电气原理图，结合电动机技术参数，合理选用电气元器件、绘制电气元器件布置图和电气安装接线图等技术文件，并进行电气控制电路的制作和调试。

2. 实训内容及操作步骤

（1）读懂电气原理图，根据电动机技术参数合理选用电气元器件、绘制电气元器件布置图和电气安装接线图等技术文件。

（2）绕线电动机转子串频敏变阻器启动控制电路的连接。

① 填写绕线电动机转子串频敏变阻器启动控制电路材料配置清单表（表 4-5），并领料。

表 4-5　绕线电动机转子串频敏变阻器启动控制电路材料配置清单表

代号	名称	型号规格	数量	用途	代号	名称	型号规格	数量	用途
QS	低压开关				SB1	按钮			
FU1	熔断器				SB2	按钮			
FU2	熔断器				KT	时间继电器			
KM1	接触器				XT	接线端子			
KM2	接触器				BV	导线			
FR	热继电器				BVR	导线			
RF	频敏变阻器								

② 对电器元件进行质量检查，然后进行电器元件定位和安装，注意与元件布置图一致。

③ 按电气接线图进行电路的连接。

（3）绕线电动机转子串频敏变阻器启动控制电路的调试与检修

① 调试前的准备

a. 检查电路元件位置是否正确、有无损坏，导线规格和接线方式是否符合设计要求。

b. 对电路的绝缘电阻进行测试，连接导线的绝缘电阻不小于 $7M\Omega$，电动机的绝缘电阻不小于 $0.5M\Omega$。

② 调试过程

a. 空操作试验。合上电源开关 QS，按下启动按钮 SB2，KM1、KT1 立即得电动作；延时一段时间后，KM2 得电动作，KT 失电释放。调节 KT 的针阀，使其延时更准确。按下 SB1，所有线圈失电。若发现异常立即断电检修，查明原因，找出故障，消除故障再调试，直至正常。

b. 带负荷试车。断开 QS，接好电动机接线，仔细检查主电路各熔断器的接触情况，检查各端子的接线情况。合上 QS，按下 SB2，电动机启动，转速逐渐上升；延时一段时间后，电动机转速再次上升，电动机进入全压运行；按下 SB1，电动机断电停车。试车中若发现异常立即断电检修，查明原因，找出故障，消除故障再调试，直至正常。

③ 故障现象及原因分析。绕线式电动机转子串频敏电阻启动控制线路故障多种情况，导致故障发生的原因也是多样的，绕线式电动机转子串频敏电阻启动控制线路故障见表 4-6。

表 4-6　故障列表

故障现象	故障原因	故障排除
电流大,运转声音异常	电刷故障	更换电刷,并用细砂纸缠绕在干燥绝缘木棒上,伸入电动机滑环,对准有麻点的一相滑环,靠电动机的自身旋转打磨
电流基本正常,但电动机有异响,并伴有振动	(1)机械连接问题 (2)电动机转子回路滑环接触不良	(1)用摇表、万用表等检查所有连接的机械设备 (2)紧固所有转子回路器件

第四部分　总结提高

（1）认真总结学习过程，书面完成电路制作与调试过程的工作报告。

（2）根据本任务所掌握的知识和技能回答下列问题。

① 简述绕线式电动机串频敏变阻器启动控制的工作原理。

② 绘制绕线式电动机串频敏变阻器启动控制电路的电气原理图和电气接线图。

学习情境五　三相异步电动机制动控制电路的连接与检查

【学习内容】

学习三相异步电动机能耗制动控制电路和反接制动控制电路的工作原理，电气线路制作与检修步骤和方法。

【学习目标】

了解三相异步电动机制动的方法；熟悉三相异步电动机制动的工作原理；掌握三相异步电动机制动控制电气原理图、电气安装图和电气接线图的绘制，并能够根据故障现象判断故障原因，进行电气控制线路的故障检修。

任务一　三相异步电动机能耗制动电气控制电路的连接与检查

任务单：三相异步电动机能耗制动电气控制电路制作任务单（表5-1）

××××有限公司

表5-1　　车间日生产任务作业卡

班组：　　　　　　　　　　　　　　　　　　　　　　　　　　　　　　年　月　日

生产品种	计划生产数		实际完成数	
	上线	下线	上线	下线
能耗制动控制电路				

计划下达人：　　　　　　　　　　　　　　　　　　　　　　　　　　　　　　班组长：

第一部分　目的与要求

1. 知识目标

掌握三相异步电动机能耗制动控制电路的工作原理。

2. 技能目标

① 能够绘制三相异步电动机能耗制动的电气原理图、电气安装图以及电气接线图；

② 能够制作电路的安装工艺计划；

③ 会按照工艺计划进行线路的安装、调试；

④ 能根据故障现象，分析故障原因，按照正确的检测步骤排除故障，并制作检修记录。

第二部分　知识链接

　　能耗制动是将三相异步电动机从三相交流电源上切断的同时接入直流电源，使直流电通入定子绕组。直流电流的磁场是固定不变的，当电动机的定子绕组切断三相电源后迅速接通直流电源，感应电流与直流电产生的固定磁场相互作用，产生一个与转子原来的旋转方向相反的制动转矩，使转子迅速停止。这种制动方法就是把系统原来储存的动能被电动机转换为电能消耗在转子回路中，故称为能耗制动。

　　能耗制动的优点是制动准确、平稳，无冲击。缺点是需要额外的直流电源，低速时制动转矩小，若频繁应用转子会发热。

1. 按时间原则的单向能耗制动控制电路的电气原理图

　　如图 5-1 所示为时间原则控制的单向能耗制动控制电路，在电动机正常运行时，若按下停止按钮 SB1，电动机由于 KM1 断电释放而脱离三相交流电源，而直流电源则由于接触器 KM2 线圈通电 KM2 主触头闭合而加入定子绕组，时间继电器 KT 线圈与 KM2 线圈同时通电并自锁，于是，电动机进入能耗制动状态。当其转子的惯性速度接近于零时，时间继电器延时打开的常闭触头断开接触器 KM2 线圈电路。由于 KM2 常开辅助触头的复位，时间继电器 KT 线圈得电源也被断开，电动机能耗制动结束。图中 KT 的瞬时常开触头的作用是考虑 KT 线圈断线或机械卡住故障时，电动机在按下按钮 SB1 后电动机能迅速制动，两相的定子绕组不致长期接入能耗制动的直流电路。该线路具有手动控制能耗制动的能力，只要使停止按钮 SB1 处于按下状态，电动机就能实现能耗制动。

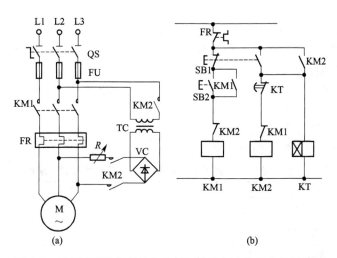

图 5-1　时间原则控制的单向能耗制动控制电路的电气原理图

2. 按速度原则的单向能耗制动控制电路的电气原理图

　　如图 5-2 所示为速度原则控制的单向能耗制动控制电路。速度继电器 KS 安装在电动机轴伸端上，用其常开触头 KS 取代了图 5-1 中时间继电器 KT 延时断开的常闭触头。电动机转动时由于转速较高，速度继电器 KS 的常开触头闭合，为接触器 KM2 的线圈通电做好准备。按下停止按钮 SB1 后，KM1 断电释放，电动机脱离电源做惯性运动，接触器 KM2 线圈通电吸合并自锁，直流电源接入定子绕组，电动机进入能耗制动状态。当电动机转速接近零时，KS 常开触头复位，KM2 线圈断电释放，制动过程结束。

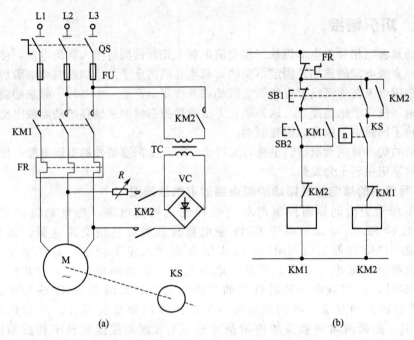

图 5-2　速度原则控制的单向能耗制动控制电路的电气原理图

第三部分　技能训练

1. 任务描述

根据生产任务单表 5-1，依据图 5-1 电气原理图，结合电动机技术参数，合理选用电气元器件、绘制电气元器件布置图和电气安装接线图等技术文件，并进行电气控制电路的制作和调试。

2. 实训内容及操作步骤

（1）读懂电气原理图，根据电动机技术参数合理选用电气元器件、绘制电气元器件布置图和电气安装接线图等技术文件。

（2）时间原则控制的单向能耗制动控制电路的连接。

① 填写时间原则控制的单向能耗制动控制电路材料配置清单表（表 5-2），并领料。

表 5-2　时间原则控制的单向能耗制动控制电路材料配置清单表

代　号	名称	型号规格	数量	用途
QS	低压开关			
FU	熔断器			
KM1	交流接触器			
KM2	交流接触器			
FR	热继电器			
KT	时间继电器			
TC	整流变压器			
VC	整流桥			
R	调节电阻			
SB1	停止按钮			
SB2	启动按钮			

② 对电器元件进行质量检查，然后进行电器元件定位和安装，注意与元件布置图一致。

③ 按电气接线图进行电路的连接。

（3）时间原则控制的单向能耗制动控制电路的调试与检修。

① 调试前的准备

a. 检查电路元件的位置是否正确、有无损坏，导线规格和接线方式是否符合设计要求。

b. 对电路的绝缘电阻进行测试，连接导线的绝缘电阻不小于 $7M\Omega$，电动机的绝缘电阻不小于 $0.5M\Omega$。

② 调试过程

a. 接通电源，将电源开关 QS 合上，按下启动按钮 SB2，KM1 动作并保持吸合状态，电动机应正常运转。若发现异常立即断电检修，查明原因，找出故障，消除故障再调试，直至正常。

b. 将停止按钮 SB1 按到底，KM1 线圈断电释放，KM2、KT 线圈通电，电动机处于能耗制动工作状态，KT 延时时间到后，电动机应刚好停止，KM1、KM2、KT 线圈均断电，电动机处于停止状态。若延时时间到后，电动机尚未停止或已提前停止应对时间继电器进行延时时间的调整，最终实现 KT 延时时间到后，电动机应刚好停止。

③ 故障现象及原因分析。单向能耗制动电气控制线路故障多种情况，导致故障发生的原因也是多样的，应通过对故障现象进行分析，逐个排查故障原因，并进行故障排除。具体故障现象、产生的原因、排除的方法见表 5-3。

表 5-3 故障列表

故障现象	故障原因	故障排除
没有制动作用	电动机断开交流电源后直流电源没有接通	(1)检测直流电源 (2)接触器 KM2 触点是否良好 (3)时间继电器 KT 触点是否良好 (4)KM2、KT 线圈是否损坏 (5)制动电流是否太小
制动后电动机容易发热	(1)制动时间过长 (2)制动的直流电流太大	(1)检查 KT，适当调整延时时长 (2)检查制动直流电流，若电流过大，调节 R 使得电流合适

第四部分 总结提高

(1) 认真总结学习过程，书面完成电路制作与调试过程的工作报告。

(2) 根据本任务所掌握的知识和技能回答下列问题。

① 分析三相异步电动机单向能耗制动的工作原理。

② 分析联众能耗制动的优缺点及适用场合。

任务二 三相异步电动机反接制动电气控制电路的连接与检查

任务单：三相异步电动机反接制动电气控制电路制作任务单（表 5-4）

××××有限公司

表 5-4 车间日生产任务作业卡

班组：   年 月 日

生产品种	计划生产数		实际完成数	
	上线	下线	上线	下线
反接制动控制电路				

计划下达人：   班组长：

第一部分　目的与要求

1. 知识目标

掌握三相异步电动机反接制动控制电路的工作原理。

2. 技能目标

① 能够绘制三相异步电动机反接制动控制电路的电气原理图、电气布置图以及电气接线图；

② 能够制作电路的安装工艺计划；

③ 会按照工艺计划进行线路的安装、调试；

④ 能根据故障现象，分析故障原因，按照正确的检测步骤排除故障，并制作检修记录。

第二部分　知识链接

反接制动方法是电动机电源的相序改变，即在电动机运转需停止时，任意调换三相电源中的任意两相，实现电动机电源的相序改变，使电动机产生的旋转磁场改变方向，电磁转矩方向也随之改变，成为制动转矩。在此制动转矩作用下，电动机的转速很快降为零，当电动机的转速接近于零时，应立即切断电源，以免电动机有反向启动。为此，采用速度继电器来检测电动机的转速变化。在 120～3000r/min 范围内速度继电器触头动作，当转速低于100r/min 时，其触头恢复原位。

反接制动的特点是简单，制动效果好，但能量消耗大。由于反接制动时流过定子绕组中的电流很大，故该法只适应于小功率电动机。

如图 5-3 所示为单向运行的三相异步电动机反接制动控制电路电气原理图。启动时，按下启动按钮 SB2，接触器 KM1 通电并自锁，电动机通电启动。在电动机正常运转时，速度继电器 KS 的常开触头闭合，为反接制动做好准备，停车时，按下停止按钮 SB1，SB1 常闭触头断开，接触器 KM1 线圈断电，电动机脱离电源，由于此时电动机的惯性转速还很高，KS 的常开触头依然处于闭合状态，所以，当 SB1 常开触头闭合时，反接制动接触器 KM2

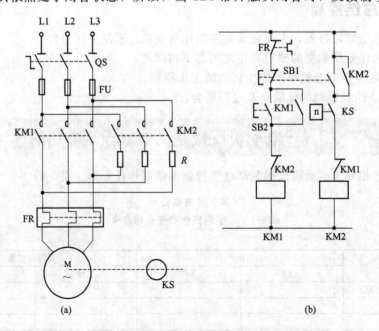

图 5-3　单向运行的三相异步电动机反接制动控制电路电气原理图

线圈通电并自锁，其主触头闭合，使电动机的定子绕组得到与正常运转相序相反的三相交流电源，电动机进入反接制动状态，转速迅速下降，当电动机转速接近于零时，速度继电器常开触头复位，接触器线圈电路被切断，反接制动结束。

第三部分　技能训练

1. 任务描述

根据生产任务单表 5-4，依据图 5-3 电气原理图，结合电动机技术参数，合理选用电气元器件、绘制电气元器件布置图和电气安装接线图等技术文件，并进行电气控制电路的制作和调试。

2. 实训内容及操作步骤

（1）读懂电气原理图，根据电动机技术参数合理选用电气元器件、绘制电气布置图和电气安装接线图等技术文件。

（2）单向运行的三相异步电动机反接制动控制电路的连接

① 填写单向运行的三相异步电动机反接制动控制电路材料配置清单表（表 5-5），并领料。

表 5-5　单向运行的三相异步电动机反接制动控制电路材料配置清单表

代号	名称	型号规格	数量	用途
QS	低压开关			
FU	熔断器			
KM1	交流接触器			
KM2	交流接触器			
FR	热继电器			
KS	时间继电器			
R	限流电阻			
SB1	停止按钮			
SB2	启动按钮			

② 对电器元件进行质量检查，然后进行电器元件定位和安装，注意与电气布置图一致。

③ 按电气接线图进行电路的连接。

（3）单向运行的三相异步电动机反接制动控制电路的调试与检修

① 调试前的准备

a. 检查电路元件的位置是否正确、有无损坏，导线规格和接线方式是否符合设计要求。

b. 对电路的绝缘电阻进行测试，连接导线的绝缘电阻不小于 $7M\Omega$，电动机的绝缘电阻不小于 $0.5M\Omega$。

② 调试过程

a. 接通电源，将电源开关 QS 合上，按下启动按钮 SB2，KM1 动作并保持吸合状态，电动机应正常运转，速度继电器 KS 常开触头闭合。若发现异常立即断电检修，查明原因，找出故障，消除故障再调试，直至正常。

b. 将停止按钮 SB1 按到底，KM1 线圈断电释放，KM2 线圈通电，电动机处于反接制动工作状态，转速迅速下降，当电动机转速接近于零时，速度继电器 KS 常开触头复位，接触器线圈 KM2 电路被切断，反接制动结束。

③ 故障现象及原因分析。单向反接制动电气控制线路故障多种情况，导致故障发生的原因也是多样的，应通过对故障现象进行分析，逐个排查故障原因，并进行故障排除。具体故障现象、产生的原因、排除的方法见表 5-6。

表 5-6　故障列表

故　障　现　象	故　障　原　因	故　障　排　除
电动机启动运行正常,但按下 SB1 时电动机断电后仍继续惯性旋转,无制动作用	(1)KM2 触点不可靠及接线错误 (2)SB1 常开触点不可靠 (3)速度继电器 KS 接触不良或摆杆断裂	(1)检测 KM2 触点及接线 (2)检测 SB1 触点是否可靠动作 (3)修理 KS 或者更换
电动机有制动,但 KM2 释放时,电动机的转速较高	KM2 释放太早	检测电动机的转速,反复调节速度继电器复位弹簧
电动机有制动,但 KM2 释放后电动机反转	KS 复位迟钝	调整速度继电器复位弹簧

第四部分　总结提高

(1) 认真总结学习过程,书面完成电路制作与调试过程的工作报告。

(2) 根据本任务所掌握的知识和技能回答下列问题。

① 分析三相异步电动机单向反接制动的工作原理。

② 总结反接耗制动的优、缺点及适用场合。

学习情境六 普通车床控制系统的连接与检查

【学习内容】

学习 CA6140 型车床的用途、主要结构及运动形式；CA6140 型车床的电气控制要求；CA6140 型车床电气控制的工作原理；CA6140 型车床电控电路的制作与检修步骤和方法。

【学习目标】

了解 CA6140 型车床的结构、用途和选择方法；掌握 CA6140 型车床控制电路的工作原理；能够绘制、识读电气图；能够完成常用电气控制元件和保护元件的选择；能够制作 CA6140 型车床控制电路，并熟练进行故障诊断和排除；完成制作和检修技术文件的整理与记录等工作。

任务　CA6140 型车床电气控制电路的连接与检查

任务单：CA6140 型车床电气控制电路制作任务单（表6-1）

××××有限公司

表6-1　车间日生产任务作业卡

班组：　　　　　　　　　　　　　　　　　　　　　　　　　　　年　月　日

生产品种	计划生产数		实际完成数	
	上线	下线	上线	下线
CA6140 型车床控制电路				

计划下达人：　　　　　　　　　　　　　　　　　　　　　　　　班组长：

第一部分　目的与要求

1. 知识目标

① 了解车床的主要运动形式；

② 熟悉 CA6140 型车床控制电路的工作原理；

③ 掌握 CA6140 型车床常见故障现象及故障产生原因。

2. 技能目标

① 能够绘制出 CA6140 型车床控制电路的原理图、接线图；

② 能够制作电路的安装工艺计划；

③ 能够熟练掌握车床电气控制系统维修的基本过程及常用的检修方法；

④ 能按照企业管理制度，正确填写维修记录并归档，确保可追溯性，为以后维修提供参考资料。

第二部分　知识链接

1. 车床

车床是主要用车刀对旋转的工件进行车削加工的机床。在车床上还可用钻头、扩孔钻、铰刀、丝锥、板牙和滚花工具等进行相应的加工。CA6140 型车床为我国自行设计制造的普通车床，与 C620—1 型车床相比，具有性能优越、结构先进、操作方便和外形美观等优点。它的加工范围较广，适用于加工各种轴类，套筒类和盘类零件上的回转表面，如内圆柱面，圆锥面，环槽及成形回转表面；端面及各种常用螺纹；还可以进行钻孔，扩孔，铰孔，和滚花等工艺，但自动化程度低，适于小批量生产及修配车间使用。

2. 车床的主要结构及运动形式

普通车床主要由床身、主轴变速箱、进给箱、溜板箱、刀架、尾架、丝杠和光杠等部件组成。CA6140 型普通车床的外观结构如图 6-1 所示。

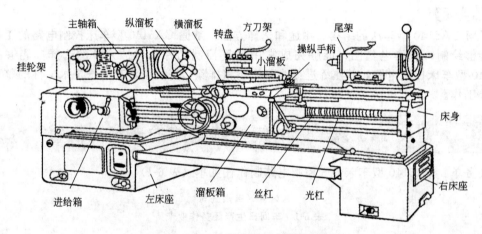

图 6-1　CA6140 型普通车床的外观结构

主轴变速箱的功能是支承主轴和传动其旋转，包含主轴及其轴承、传动机构、启停及换向装置、制动装置、操纵机构及润滑装置。它的主要任务是将主轴电动机传来的旋转运动经过一系列的变速机构使主轴得到所需的正反两种转向的不同转速，同时主轴箱分出部分动力将运动传给进给箱，主轴箱中主轴是车床的关键零件，主轴在轴承上运转的平稳性直接影响工件的加工质量，一旦主轴的旋转精度降低，则机床的使用价值就会降低。CA6140 型普通车床的主传动可使主轴获得 24 级正转转速（10～1400r/min）和 12 级反转转速（14～1580r/min）。

进给箱的作用是变换被加工螺纹的种类和导程，以及获得所需的各种进给量。它通常由变换螺纹导程和进给量的变速机构、变换螺纹种类的移换机构、丝杠和光杠转换机构以及操纵机构等组成。

丝杠与光杠，用以连接进给箱与溜板箱，并把进给箱的运动和动力传给溜板箱，使溜板箱获得纵向直线运动。丝杠是专门用来车削各种螺纹而设置的，在进行工件的其他表面车削时，只用光杠，不用丝杠。

溜板箱是车床进给运动的操纵箱，将丝杠或光杠传来的旋转运动转变为直线运动并带动刀架进给，控制刀架运动的接通、断开和换向等。

刀架则用来安装车刀并带动其作纵向、横向和斜向进给运动。

尾架：安装在床身导轨上，并沿此导轨纵向移动，以调整其工作位置。尾架主要用来安装后顶尖，以支撑较长工件，也可安装钻头、铰刀等进行孔加工。

冷却装置主要通过冷却水泵将水箱中的切削液加压后喷射到切削区域，降低切削温度，冲走切屑，润滑加工表面，以提高刀具使用寿命和工件的表面加工质量。

车床主要运动形式有切削运动、进给运动、辅助运动。切削运动包括工件旋转的主运动和刀具的直线进给运动；进给运动为刀架带动刀具的直线运动；辅助运动为尾架的纵向移动、工件的夹紧和放松等运动。

3. CA6140 型车床电气控制要求

根据车床的运动情况和工艺要求，车床对电气控制提出如下要求。

1）主运动

（1）主轴拖动电动机一般选用三相笼型异步电动机，并采用机械有级调速。

（2）为车削螺纹，主轴要求正、反转，小型车床由电动机正、反转来实现，CA6140 型车床则靠摩擦离合器来实现，电动机只作单向旋转。

（3）一般中、小型车床的主轴电动机均采用直接启动。停车时为实现快速停车，一般采用机械制动或电气制动。

2）进给运动

加工螺纹时，要求刀具移动和主轴转动有固定的比例关系。

3）辅助运动

（1）车削加工时，需用切削液对刀具和工件进行冷却。为此，设有一台冷却泵电动机，拖动冷却泵输出冷却液。

（2）冷却泵电动机与主轴电动机有着联锁关系，即冷却泵电动机应在主轴电动机启动后才可选择启动与否；而当主轴电动机停止时，冷却泵电动机立即停止。

（3）为实现溜板箱的快速移动，由单独的快速移动电动机拖动，且采用点动控制。

（4）电路应有必要的保护环节、安全可靠的照明电路和信号电路。

4. CA6140 型车床电气控制原理图组成及工作原理分析

CA6140 型车床的电气原理图如图 6-2 所示，图中 M1 为主轴电动机，带动主轴旋转和刀架作进给运动；M2 为冷却泵电动机，拖动冷却泵输出冷却液；M3 为溜板快速移动电动机，拖动刀架实现快速移动。

1）主轴及进给电动机 M1 的控制

由启动按钮 SB2、停止按钮 SB1 和接触器 KM1 构成电动机单向连续运转启停电路。按下启动按钮 SB2，接触器 KM1 的线圈得电吸合，KM1 主触头闭合，主轴电动机 M1 启动，通过摩擦离合器及传动机构拖动主轴正转或反转，以及刀架的直线进给。按下停止按钮 SB1，KM1 线圈断电，KM1 常开主触头断开，电动机 M1 停转。

2）冷却泵电动机 M2 的控制

M2 的控制由接触器 KM2 电路实现。主轴电动机 M1 启动后，KM1 常开辅助触点闭合，此时合上开关 SA1，KM2 线圈得电，KM2 主触头吸合，M2 全压启动。停止时，断开 SA1 或使主轴电动机 M1 停止，则 KM2 线圈断电，KM2 常开主触头断开，电动机 M2 停转。

3）快速移动电动机 M3 的控制

由按钮 SB3 来控制接触器 KM3，进而实现 M3 的点动。操作时，先将快、慢速进给手柄扳到所需移动方向，即可接通相关的传动机构，再按下 SB3，即可实现该方向的快速移动。

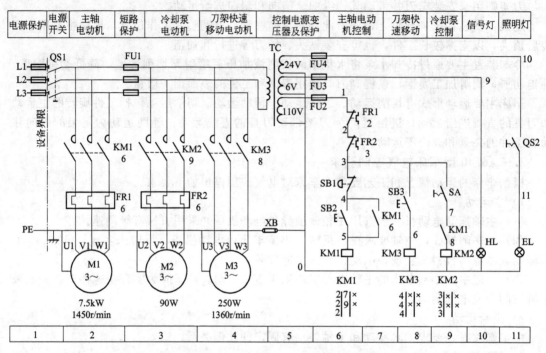

图 6-2　CA6140 型车床的电气控制原理图

4) 保护及照明环节

（1）热继电器 FR1、FR2 作过载保护，熔断器 FU 作短路保护，接触器作失电压和欠电压保护，断路器 QS 实现电路的过电流、欠电压保护。

（2）控制变压器 TC 的二次侧分别输出 24V 和 6V 电压，作为机床照明灯和信号灯的电源。EL 为机床的低压照明灯，由开关 QS2 控制；HL 为电源的信号灯。

第三部分　技能训练

1. 任务描述

根据生产任务单（表 6-1），依据图 6-2 电气原理图，结合电动机技术参数，合理选用电气元器件、绘制电气布置图、电气安装接线图等技术文件，并进行电气控制电路的制作和调试。

2. 实训内容及操作步骤

（1）读懂电气原理图，根据电动机技术参数合理选用电气元器件、绘制电气元器件布置图和电气安装接线图等技术文件。

（2）CA6140 型车床电气控制电路的连接

① 填写 CA6140 型车床电气控制电路材料配置清单表（表 6-2），并领料。

表 6-2　CA6140 型车床电气控制电路材料配置清单表

代号	名　称	型 号 规 格	数量	用　途
M1	主轴电动机	Y132M-4-B3、7.5 kW、1450r/min	1	主传动
M2	冷却泵电动机	AOB—25、90 W、3000r/min	1	输送冷却液
M3	快速移动电动机	AOS5634、250W、1360r/min	1	溜板快速移动
FR1	热继电器	JR16—20/3D、15.4A	1	M1 过载保护
FR2	热继电器	JR16—20/3D、0.32A	1	M2 过载保护

续表

代号	名 称	型 号 规 格	数量	用 途
KM1	交流接触器	CJ0-20、110V、20A	1	控制 M1
KM2	交流接触器	CJ0-20、110V、20A	1	控制 M2
KM3	交流接触器	CJ0-10、110V、10A	1	控制 M3
SB1	按钮	LAY3—01ZS/1	1	停止 M1
SB2	按钮	LAY3—10/3.11	1	启动 M1
SB3	按钮	LA9	1	启动 M3
SA	旋钮开关	LAY3—10X/2	1	启动 M2
QS1	组合开关	HZ1—60/E26、三极、60A	1	电源总开关
QS2	开关	LAY3—10X/2	1	照明开关
HL	信号灯	ZSD—0/6V	1	电源指示
EL	机床照明灯	JC11	1	照明
TC	控制变压器	JBK2—100 380V/110V/24V/6V	1	变压
FU1	熔断器	BZ001、熔体 6A	3	短路保护
FU2	熔断器	BZ001、熔体 1A	1	短路保护
FU3	熔断器	BZ001、熔体 1A	1	短路保护
FU4	熔断器	BZ001、熔体 2A	1	短路保护

② 对电器元件进行质量检查，然后进行电器元件定位和安装，注意与元件布置图一致。

③ 按电气接线图进行电路的连接。

（3）CA6140 型车床电气控制电路的调试与检修

① 调试前的准备

a. 检查电路元件的位置是否正确、有无损坏，导线规格和接线方式是否符合设计要求。

b. 对电路的绝缘电阻进行测试，连接导线的绝缘电阻不小于 $7M\Omega$，电动机的绝缘电阻不小于 $0.5M\Omega$。

② 调试过程

a. 点动控制各电动机启动，转向是否符合要求；

b. 通电空转试验时，应认真观察各电器元件、线路、电动机及传动装置的工作情况是否正常。如不正常，应立即切断电源进行检查，在调整或修复后方能再次通电试车。

③ 故障现象及原因分析。CA6140 车床电气控制线路故障多种情况，导致故障发生的原因也是多样的，应通过对故障现象进行分析，逐个排查故障原因，并进行故障排除。常见故障现象、产生的原因、排除的方法见表 6-3。

表 6-3　故障列表

故 障 现 象	故 障 原 因	故 障 排 除
按下启动按钮,主轴电动机 M1 不能启动	(1)KM1 线圈不通电 (2)KM1 线圈通电,但 M1 不转	(1)故障的原因应在控制电路中,可依次检查熔断器 FU2,热继电器 FR1 和 FR2 的动断(常闭)触头,停止按钮 SB1,启动按钮 SB2 和接触器 KM1 的线圈是否断路 (2)故障的原因应在主电路中,可依次检查接触器 KM1 的主触头,热继电器 FR1 的热元件接线端及三相电动机的接线端
按下停止按钮,主轴电动机 M1 不能停止	(1)接触器 KM1 的铁芯极面上的油污使上下铁芯不能释放 (2)KM1 的主触头发生熔焊 (3)停止按钮 SB1 的动断(常闭)触头短路所致	(1)断开电源,清洗接触器 (2)更换接触器 KM1 (3)更换停止按钮 SB1
刀架快速移动电动机 M3 不能启动	KM3 线圈不通电	可用万用表依次检查热继电器 FR1 和 FR2 的动断(常闭)触头,点动按钮 SB3 及接触器 KM3 的线圈是否断路

第四部分　总结提高

（1）认真总结学习过程，书面完成电路制作与调试过程的工作报告。

（2）根据本任务所掌握的知识和技能回答下列问题。

① 简述 CA6140 车床的结构。

② 在 CA6140 车床的电气控制原理图中，为什么快速进给电动机未采用过载保护？

③ CA6140 车床在车削过程中，若有一个控制主轴电动机的接触器主触头接触不良，会出现什么现象？如何解决？

④ 绘制 CA6140 车床的电气原理图和电气接线图。

学习情境七　普通铣床控制系统的连接与检查

【学习内容】

学习 X62W 型万能铣床的用途、主要结构及运动形式；X62W 型万能铣床的电气控制要求；X62W 型万能铣床电气控制的工作原理；X62W 型万能铣床电路的制作与检修步骤和方法。

【学习目标】

了解 X62W 型万能铣床的结构、用途和选择方法；掌握 X62W 型万能铣床的工作原理；能够绘制、识读电气图；能够完成常用电气控制元件和保护元件的选择；能够制作 X62W 型万能铣床控制电路，并熟练进行故障诊断和排除；完成制作和检修技术文件的整理与记录等工作。

任务　X62W 型万能铣床电气控制电路的连接与检查

任务单：X62W 型万能铣床电气控制电路的制作任务单（表 7-1）

××××有限公司

表 7-1　车间日生产任务作业卡

班组：　　　　　　　　　　　　　　　　　　　　　　　　　　　　　年　　月　　日

生产品种	计划生产数		实际完成数	
	上线	下线	上线	下线
X62W 型万能铣床控制电路	××			

计划下达人：　　　　　　　　　　　　　　　　　　　　　　　　　　　　班组长：

第一部分　目的与要求

1. 知识目标

① 了解 X62W 型万能铣床的基本结构、用途；

② 熟悉 X62W 型万能铣床的工作原理、主要运动形式及控制要求；

③ 掌握 X62W 型万能铣床控制系统常见故障现象及故障产生原因。

2. 技能目标

① 能够绘制出 X62W 型万能铣床控制电路的原理图、接线图；

② 能够制作电路的安装工艺计划；

③ 能够熟练掌握铣床电气控制系统维修的基本过程及常用的检修方法；

④ 能按照企业管理制度，正确填写维修记录并归档，确保可追溯性，为以后维修提供参考资料。

第二部分　知识链接

1. 铣床

铣床可以用来加工各种形式的表面，可以加工平面、沟槽，也可以加工各种曲面、齿轮等，通常以铣刀旋转运动为主运动，工件和铣刀的移动为进给运动。铣床是用铣刀对工件进行铣削加工的机床。铣床除能铣削平面、沟槽、轮齿、螺纹和花键轴外，还能加工比较复杂的型面，效率较刨床高，在机械制造和修理部门得到广泛的应用。

铣床在工作时，工件装在工作台上或分度头等附件上，铣刀旋转为主运动，辅以工作台或铣头的进给运动，工件即可获得所需要的加工表面。由于是多刀断续切削，因而铣床的生产率较高。简单来说，铣床就是用铣刀对工件进行铣削加工的机床。

2. 铣床的分类

1) 按布局形式和适用范围加以区分

① 升降台铣床：有万能式、卧式和立式等，主要用于加工中小型零件，应用最广。

② 龙门铣床：包括龙门铣镗床、龙门铣刨床和双柱铣床，均用于加工大型零件。

③ 单柱铣床和单臂铣床：前者的水平铣头可沿立柱导轨移动，工作台作纵向进给；后者的立铣头可沿悬臂导轨水平移动，悬臂也可沿立柱导轨调整高度。两者均用于加工大型零件。

④ 工作台不升降铣床：有矩形工作台式和圆工作台式两种，是介于升降台铣床和龙门铣床之间的一种中等规格铣床。其垂直方向的运动由铣头在立柱上升降来完成。

⑤ 仪表铣床：一种小型的升降台铣床，用于加工仪器仪表和其他小型零件。

⑥ 工具铣床：用于模具和工具制造，配有立铣头、万能角度工作台和插头等多种附件，还可进行钻削、镗削和插削等加工。

2) 按结构分

① 台式铣床：小型的用于铣削仪器、仪表等小型零件的铣床。

② 悬臂式铣床：铣头装在悬臂上的铣床，床身水平布置，悬臂通常可沿床身一侧立柱导轨作垂直移动，铣头沿悬臂导轨移动。

③ 滑枕式铣床：主轴装在滑枕上的铣床，床身水平布置，滑枕可沿滑鞍导轨作横向移动，滑鞍可沿立柱导轨作垂直移动。

④ 龙门铣床：床身水平布置，其两侧的立柱和连接梁构成门架的铣床。铣头装在横梁和立柱上，可沿其导轨移动。通常横梁可沿立柱导轨垂向移动，工作台可沿床身导轨纵向移动，用于大件加工。

⑤ 平面铣床：用于铣削平面和成型面的铣床，床身水平布置，通常工作台沿床身导轨纵向移动，主轴可轴向移动。它结构简单，生产效率高。

⑥ 仿形铣床：对工件进行仿形加工的铣床。一般用于加工复杂形状工件。

⑦ 升降台铣床：具有可沿床身导轨垂直移动的升降台的铣床，通常安装在升降台上的工作台和滑鞍可分别作纵向、横向移动。

⑧ 摇臂铣床：摇臂装在床身顶部，铣头装在摇臂一端，摇臂可在水平面内回转和移动，铣头能在摇臂的端面上回转一定角度的铣床。

⑨ 床身式铣床：工作台不能升降，可沿床身导轨作纵向移动，铣头或立柱可作垂直移动的铣床。

⑩ 专用铣床：例如工具铣床：用于铣削工具模具的铣床，加工精度高，加工形状复杂。

3）按控制方式分

铣床又可分为仿形铣床、程序控制铣床和数控铣床等。

3. 万能铣床的基本结构及运动形式

万能铣床是一种通用的多用途机床，可用来加工平面、斜面、沟槽，装上分度头后，可以铣切直齿轮和螺旋面；装上圆形工作台，可以铣切凸轮和弧形槽。常见的万能铣床有两种，一种是 X62W 型卧式万能铣床，铣头水平放置；一种是 X52K 型立式万能铣床，铣头垂直方向放置。

铣床型号的含义如下所示。

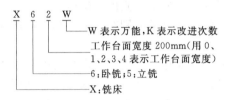

万能铣床主要由床身、主轴、刀杆、悬梁、工作台、回转盘、横溜板、升降台、底座等部分组成，床身前面有垂直导轨，升降台可沿垂直导轨上下移动，在升降台上面的水平导轨上装有平行主轴轴线方向（前后）移动的溜板，溜板上部有可转动的回转盘，工作台装在溜板上部回转盘上的导轨上，做垂直于主轴轴线方向（左右）移动，工作台上有 T 形槽来固定工件，因此，安装在工作台的工件可以沿 3 个坐标轴 6 个方向进行位置调整。X62W 型卧式万能铣床的外形结构如图 7-1 所示。

X62W 型卧式万能铣床的主要运动形式有主运动、进给运动、辅助运动 3 种，主运动铣床的主运动是指主轴带动铣刀的旋转运动；进给运动铣床的进给运动是指工作台带动工件在相互垂直的 3 个方向上的直线运动；辅助运动铣床的辅助运动是指工作台带动工件在相互垂直的 3 个方向上的快速移动。

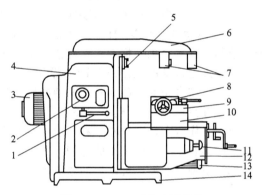

图 7-1　X62W 型卧式万能铣床的外形结构示意图

1—主轴变速手柄；2—主轴变速盘；3—主轴电动机；4—床身；5—主轴；6—悬架；7—刀架支杆；8—工作台；9—转动部分；10—溜板；11—进给变速手柄及变速盘；12—升降台；13—进给电动机；14—底盘

4. X62W 型卧式万能铣床电力拖动及控制要求

1）主运动对电气控制的要求

（1）为适应铣削加工需要，要求主传动系统能够调速，且在各种铣削速度下保持功率不变，即主轴要求功率调速。为此，主轴电动机采用笼型异步电动机，经主轴齿轮变速箱拖动主轴。

（2）为能进行顺铣和逆铣加工，要求主轴能够实现正、反转，但旋转方向不需经常换，仅在加工前预选主轴转动方向。

（3）为提高主轴旋转的均匀性并消除铣削加工时的振动，主轴上安装有飞轮，但自然停车时间较长，为实现主轴准确停车和缩短停车时间，主轴电动机应设有制动停车环节。

（4）为使主轴变速时齿轮易于啮合，减小齿轮端面的冲击，要求主轴电动机在主轴变速时应具有变速冲动。

（5）为适应铣削加工时操作者的正面与侧面操作，应备有两地操作设施。

2）进给运动对控制电路的要求

（1）铣床进给系统负载主要为工作台移动时间的摩擦转矩，这就对进给拖动系统提出恒转矩的调速要求。X62W 型铣床的进给系统采用三相笼型异步电动机拖动，经进给齿轮变速获得 18 种进给速度要求。这种调速为恒定功率调速，为满足恒转矩负载要求，应按进给高速挡所需功率来选择电动机的容量。在进给速度较低时，电动机的功率得不到充分利用，但因负载转矩较小，按高速选择的电动机功率只有 1.5kW，并没有造成电动机容量的很大的浪费。

（2）X62W 型铣床工作台运行方式有手动、进给运动快速运动 3 种。其中手动操作者摇动手柄使工作台移动；进给运动和快速移动则由进给电动机拖动，通过进给电动机的正反转实现往复运动。而进给运动与快速移动的区别在于快速移动电磁铁 YA 是否接通。由于进给速度较低，采用自然停车即可。

（3）为减少按钮数量，避免误操作，对进给电动机的控制采用电气开关、机械挂挡互相联动的手柄操作，且操作手柄扳动方向与其运动方向一致，从而更为直观。

（4）工作台的进给方向有左右的纵向进给、前后的横向进给和上下的垂直进给，它们都是由进给电动机 M2 的正反转来实现。而正反接触器 KM3、KM4 是由两个操作手柄来控制的，一个是"纵向"机械操作手柄，另一个是"垂直于横向"机械操作手柄（称为"十字"手柄），在扳动操作手柄的同时，完成机械挂挡和压合相应的行程开关从而接通相应的接触器，控制进给电动机，拖动工作台按预定方向运动。

（5）进给运动的控制也为两地操作。一次，纵向操作手柄与"十字"操作手柄各有两套，可在工作台正面与侧面实现两地操作，且这两套机械操作手柄是联动的。

3）辅助运动对控制电路的要求

（1）工作台上、下、左、右、前、后 6 个方向的运动，每次只可进行一个方向的运动。因此，应具有 6 个方向运动的连锁。

（2）主轴启动后，进给运动才能进行。为满足调整需要，未启动主轴，可进行工作台快速运动。

（3）为便于进给变速时齿轮的啮合，应具有进给电动机变速冲动。

（4）工作台有上、下、左、右、前、后 6 个方向的运动应具有限位保护。

5. 万能铣床电气控制原理图组成及工作原理分析

1）电气控制原理图组成

X62W 万能铣床电气控制原理图如图 7-2 所示，可分为主电路、主轴电动机控制电路、工作台进给电动机控制电路、冷却泵电动机控制电路、照明电路及保护电路等部分。

主电路中 M1 为主轴电动机，SA4 为组合开关，用于选择电动机 M1 的旋转方向，R 为反接制动电阻，KS 为速度继电器，利用速度继电器实现主轴电动机的反接制动停车，FR1 为主轴电动机 M1 的过载保护。M2 为工作台进给电动机，YA 为工作台快速移动电磁铁，由接触器 KM5、操作按钮 SB5、SB6 实现工作台的快速移动，热继电器 FR2 作为进给电动机的过载保护。M3 为冷却泵电动机，热继电器 FR3 为冷却泵电动机 M3 的过载保护。熔断器 FU1 为总电路短路保护，FU2 为进给电动机 M2、冷却泵电动机 M3 短路保护。

控制电路的电源由 TC 降压后供给。主轴电动机 M1 由接触器 KM1、KM2、启动按钮 SB3、SB4、停止按钮 SB1、SB2 组成启动——反接制动——停车的控制过程，并由主轴变速手柄使限位开关 SQ7 实现主轴的变速冲动。进给电动机 M2 由接触器 KM3、KM4 控制电动机的正反转，SA1 为工作台选择开关，SQ1、SQ2 与纵向机械操作手柄有机械联系的行程开关，SQ3、SQ4 与垂直和横向操作手柄有机械联系的行程开关。SQ6 进给变速冲动的限位开关，当变速手柄在极限位置时，SQ6 将动作。

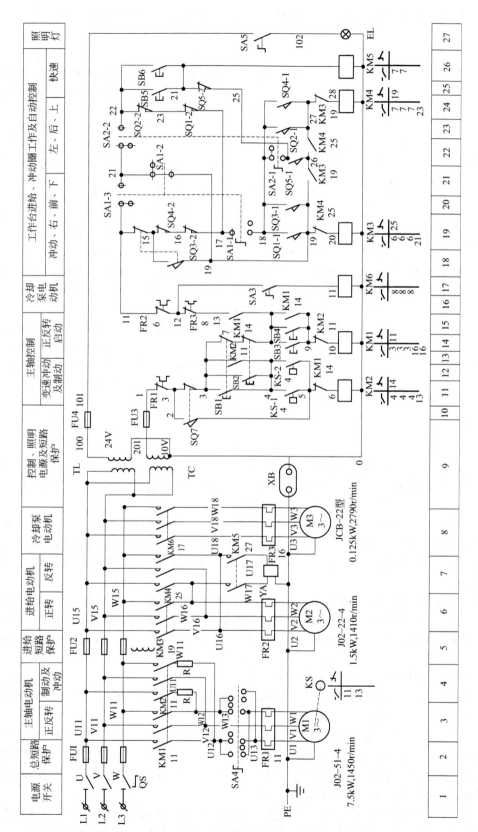

图 7-2　X62W 万能铣床电气控制原理图

照明电路的电源由 TL 降压供给，照明灯 EL 由 SA5 控制，FU4 为短路保护。

2）工作原理分析

（1）主拖动控制电路分析

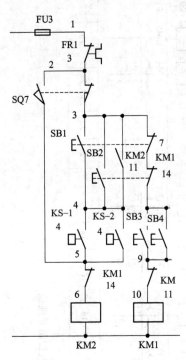

图 7-3 主轴电动机控制图

① 主轴电动机的启动控制。主轴电动机控制图如图 7-3 所示。合上电源开关，主轴电动机 M1 由转换开关 SA4 来预选转向，按下启动按钮 SB3 或 SB4（两地操作），接触器 KM1 得电，KM1 主触电闭合，主轴电动机 M1 启动并按 SA4 预选的方向旋转，速度继电器 KS 动作，触点 KS-1 或 KS-2 吸合，为反接制动做好准备。

② 主轴电动机的制动控制。无论主轴在停止前是正转还是反转，速度继电器 KS 的两个触点总有一个是闭合的，此时按下按钮停止按钮 SB1 或 SB2，其常闭触点断开，常开触点闭合，KM1 线圈断电，KM2 线圈得电，KM2 回路接通，进行串电阻的反接制动。主轴电动机的转速迅速下降，至 KS 复位时，接点 KS-1 或 KS-2 之间断开，KM2 断电，制动过程结束。

③ 主轴变速控制。主轴变速操纵箱装在床身左侧窗口上，变换主轴的转速由一个手柄和一个刻度盘来实现。操作顺序如下：先将主轴变速手柄的有榫块自槽中滑出，然后拉动手柄，使榫块落到第二道槽内为止；再转动刻度盘，把所需要的转数对准指针；最后把手柄推回原来位置，使榫块落进槽内。

为了使齿轮容易啮合，下压变速手柄及将变速手柄推回原来位置时，将瞬间压下主轴变速行程开关 SQ7，使 SQ7 常开触点闭合，SQ7 常闭触点断开，使 KM2 线圈瞬间通电吸合，主轴电动机作瞬时点动，利于齿轮啮合，当变速手柄榫块落进槽内时，SQ7 不再受压，触点 SQ7 常开触点断开，切断主轴电动机点动电路。

变速时间长短与主轴变速手柄运动速度有关，为了避免齿轮的撞击，当把手柄向原来位置推动时，要求推动速度快一些，只是在接近最终位置时，把推动速度减慢。当瞬时点动一次未能实现齿轮啮合时，可以重复进行变速手柄的操作，直至齿轮实现良好的啮合。

主轴变速在旋转和不转时均可进行变速操作。在主轴旋转情况下变速时，SQ7 常闭触点先断开，使 KM1 线圈断电，SQ7 常开触点再吸合，接通 KM2 线圈对 M1 进行反接制动，待电动机转速下降后再进行变速操作。注意在变速完成后需再次启动电动机，主轴将会在新的转速下旋转。

（2）进给电动机电气控制电路的分析

进给电动机电气控制电路图如图 7-4 所示。主轴电动机 M1 启动后，KM1 线圈通电并自锁，为进给电动机的启动做好准备。

SA1 为工作台选择开关，SA1"断开"表示选择矩形工作台，触点 SA1-1、SA1-3 闭合，SA1-2 断开；SA1"闭合"表示选择圆形工作台，触点 SA1-1、SA1-3 断开，SA1-2 闭合。SA2 为工作台手动和自动切换开关，SA2-1 断开，SA2-2 闭合为工作台手动切换状态；SA2-2 断开，SA2-1 闭合为工作台自动切换状态。

"纵向"操作手柄有左、中、右三个位置，扳向左侧时，通过联动机构将纵向进给机械离合器挂上，压合 SQ2；扳向右侧时，通过联动机构将纵向进给机械离合器挂上，压合

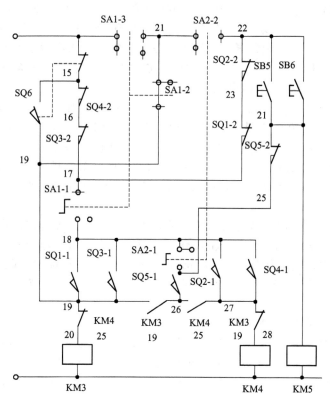

图 7-4　进给电动机电气控制电路图

SQ1；置于中间位置时 SQ1、SQ2 均不受压；工作台升降和横向操纵手柄"十字"操作手柄有上、下、前、后、中五个位置，置于向前及向下位置时压合限位开关 SQ3，置于向后及向上位置时压合限位开关 SQ4，置于中间位置时限位开关 SQ3、SQ4 均不受压。

　　① 工作台在六个方向上的进给。将纵向进给操作手柄扳向右侧或左侧，在机械上通过联动机构挂上纵向离合器。向右时压迫行程开关 SQ1，触点 SQ1-1 闭合，SQ1-2 断开。KM3 线圈通电吸合，M2 正向启动，拖动工作台向右运行；向左时压迫行程开关 SQ2，触点 SQ2-1 闭合，SQ2-2 断开，KM4 线圈通电吸合，M2 反向启动；将纵向进给操作手柄扳到中间位置，行程开关 SQ2、SQ1 释放，触点 SQ2-1、SQ1-1 断开，KM4、KM3 线圈断电释放，M2 停转，工作台向左或向右的运转动作停止。

　　将工作台升降和横向的操纵手柄"十字"操作手柄扳到向前或向后位置，在机械上通过联动机构挂上横向离合器。向前时压迫行程开关 SQ3，触点 SQ3-1 闭合，SQ3-2 断开，KM3 线圈通电吸合，M2 正转启动，拖动工作台向前进给；向后时压迫行程开关 SQ4，触点 SQ4-1 闭合，SQ4-2 断开，KM4 线圈通电吸合，M2 反向启动，拖动工作台向后进给。工作台向前、向后、向上、向下任一方向的进给结束后，将"十字"操作手柄扳到中间位置时，对应的行程开关将不再受压，KM3、KM4 线圈断电释放，M2 停止旋转，工作台进给停止。

　　② 进给变速时变速"冲动"的现实。进给变速只有在主轴启动后，将"纵向"进给操作手柄和"十字"进给操作手柄置于中间位置时才可进行，即进给停止时才能变速操作。

　　进给变速箱是一个独立部件，装在升降台的右边，速度的变换由进给操纵箱来控制。操纵箱装在进给变速箱的前面。变换进给速度的顺序是：将进给变速手柄拉出；转动手柄，把刻度盘上所需的进给速度对准指针；再将手柄推回原位。把手柄向外拉到极限位置的瞬间，行程开关 SQ6 受压使触点 SQ6-2 先断开，SQ6-1 后闭合。此时，KM3 线圈经 SQ1-2 至 SQ6-1 瞬时通电吸合，M2 短时旋转，以利于变速齿轮啮合。当手柄推回原位时，行程开关 SQ6 不再受压，进给电动机停转。如果一次瞬时点动齿轮仍未进入啮合状态，可在此拉出手柄并再次推回，直到齿轮进入啮合状态为止。

③ 进给方向快速移动的控制。主轴开动后，将进给操作手柄扳到所需的位置，工作台则开始按手柄所指方向以选定的进给速度运动，此时如按下工作台上的快速移动按钮 SB5 或 SB6，KM5 线圈得电，接通快速移动电磁铁，将进给传动链中的摩擦离合器合上，减少中间传动装置，工件按原运动方向快速移动。松开工作台上的快速移动按钮 SB5 或 SB6，KM5 线圈失电，电磁铁释放，摩擦离合器图脱开，快速移动工程结束。

④ 圆工作台的控制。圆工作台的回转运动是由进给电动机经传动机构驱动的，使用圆工作台首先应把圆工作台转换开关 SA1 扳到"接通"位置，将工作台两个进给操作手柄置于中间位置，按下主轴启动按钮 SB3 或 SB4，主轴电动机启动旋转。此时，KM3 线圈经 SQ1-2 至 SQ4-2 等常闭触点和 SA1-2 通电吸合，进给电动机启动旋转，拖动圆工作台单方向回转。

3）冷却泵和机床照明电路

冷却泵电动机 M3 通常在铣削加工是有转换开关 SA3 控制，当 SA3 扳到接通位置时，KM6 线圈通电吸合，M3 启动旋转，并用热继电器 FR3 做过载保护。

机床照明电路变压器 TL 输出 24V 安全电压，并由开关 SA5 控制照明灯 EL。

第三部分　技能训练

1. 任务描述

根据生产任务单表 7-1，依据图 7-2 电气原理图，结合电动机技术参数，合理选用电气元器件、绘制电气布置图、电气安装接线图等技术文件，并进行电气控制电路的制作和调试。

2. 实训内容及操作步骤

（1）读懂电气原理图，根据电动机技术参数合理选用电气元器件、绘制电气元器件布置图和电气安装接线图等技术文件。

（2）X62W 万能铣床电气控制电路的连接

① 填写 X62W 万能铣床电气控制电路材料配置清单表（表 7-2），并领料。

表 7-2　X62W 万能铣床电气控制电路材料配置清单表

代号	名　称	型号规格	数量	用　途
M1	主轴电动机	J02-51—4、7.5kW、1450r/min	1	驱动主轴
M2	进给电动机	J02—22—4、1.5kW、1410r/min	1	驱动进给
M3	冷却泵电动机	JCB—22、125kW、2790r/min	1	驱动冷却泵
KM1	交流接触器	CJ0—20、110V、20A	1	主轴启动
KM2	交流接触器	CJ0—20、110V、20A	1	快速进给
KM3 KM4	交流接触器	CJ0—10、110V、10A	2	M2 正、反转
KM5	交流接触器	CJ0—10、110V、10A	1	接通快速移动磁铁

续表

代号	名　称	型号规格	数量	用　途
KM6	交流接触器	CJ0—10、110V、10A	1	驱动冷却泵
TC	控制变压器	BK—150、380/110V	1	控制系统供电
TL	照明变压器	BK—50、380/24V	1	照明电路供电
SQ1 SQ2	限位开关	LX1—11K	2	主轴冲动开关 进给冲动开关
SQ3 SQ4	限位开关	LX2—13K	2	M2 正、反转
SQ5	限位开关	LX3—11K	1	
SQ6	限位开关	LX3—11K	1	
SQ7	限位开关	LX3—11K	1	主轴变速
SA1	组合开关	HZ1—10/E16、三极、10A	1	工作台选择
SA2	组合开关	HZ1—10/E16、二极、10A	1	手自动选择
SA3	组合开关	HZ10—10/2、二极、10A	1	冷却泵启动开关
SA4	组合开关	HZ3—133、三极	1	主轴启动方向选择
SA5	组合开关	HZ10—10/2、二极、10A	1	照明控制
QS	组合开关	HZ1—60/E26、三极、60A	1	电源总开关
SB1 SB2	按钮	LA2、500V、5A	2	主轴电动机停止按钮
SB3 SB4	按钮	LA2、500V、5A	2	主轴电动机启动按钮
SB5 SB6	按钮	LA2、500V、5A	2	工作台快速移动按钮
R	制动电阻器	ZB2、1.45W、15.4A	2	限流
FR1	热继电器	JR0—40/3、额定电流 16A	1	主轴电动机过载保护
FR2	热继电器	JR0—10/3、额定电流 16A	1	进给电动机过载保护
FR3	热继电器	JR0—10/3、额定电流 16A	1	冷却泵电动机过载保护
FU1	熔断器	RL1—60/35、熔体 35A	3	总短路保护
FU2	熔断器	RL1—15、熔体 10A	3	M2、M3 短路保护
FU3	熔断器	RL1—15、熔体 6A	1	控制电路短路保护
FU4	熔断器	RL1—15、熔体 2A	1	照明电路短路保护
KS	速度继电器	JY1、380V、2A	1	检测 M1 电动机速度
YA	牵引电磁铁	MQ1—5141、线圈电压 380V	1	工作台快速移动
EL	低压照明灯	K2 螺口	1	照明
M1	主轴电动机	Y132M—4—B3、7.5kW、1450r/min	1	主传动
M2	冷却泵电动机	AOB—25、90 W、3000 r/min	1	输送冷却液
M3	快速移动电动机	AOS5634、250W、1360r/min	1	溜板快速移动
FR1	热继电器	JR16—20/3D、15.4 A	1	M1 过载保护
FR2	热继电器	JR16—20/3D、0.32 A	1	M2 过载保护
KM1	交流接触器	CJ0—20、110V、20A	1	控制 M1
KM2	交流接触器	CJ0—20、110V、20A	1	控制 M2
KM3	交流接触器	CJ0—10、110V、10A	1	控制 M3
SB1	按钮	LAY3—01ZS/1	1	停止 M1
SB2	按钮	LAY3—10/3.11	1	启动 M1
SB3	按钮	LA9	1	启动 M3
SA	旋钮开关	LAY3—10X/2	1	启动 M2

代号	名　称	型号规格	数量	用　途
QS1	组合开关	HZ1—60/E26、三极、60A	1	电源总开关
QS2	开关	LAY3—10X/2	1	照明开关
HL	信号灯	ZSD—0/6V	1	电源指示
EL	机床照明灯	JC11	1	照明
TC	控制变压器	JBK2—100 380V/110V/24V/6V	1	变压
FU1	熔断器	BZ001、熔体 6A	3	短路保护
FU2	熔断器	BZ001、熔体 1A	1	短路保护
FU3	熔断器	BZ001、熔体 1A	1	短路保护
FU4	熔断器	BZ001、熔体 2A	1	短路保护

② 对电器元件进行质量检查，然后进行电器元件定位和安装，注意与元件布置图一致。

③ 按电气接线图进行电路的连接。

(3) X62W 万能铣床电气控制电路的调试与检修

① 调试前的准备

a. 检查电路元件的位置是否正确、有无损坏，导线规格和接线方式是否符合设计要求。

b. 对电路的绝缘电阻进行测试，连接导线的绝缘电阻不小于 7MΩ，电动机的绝缘电阻不小于 0.5MΩ。

② 调试过程

a. 点动控制各电动机启动，转向是否符合要求。

b. 通电空转试验时，应认真观察各电器元件、线路、电动机及传动装置的工作情况是否正常。如不正常，应立即切断电源进行检查，在调整或修复后方能再次通电试车。

③ 故障现象及原因分析。X62W 万能铣床电气控制电路故障多种情况，导致故障发生的原因也是多样的，应通过对故障现象进行分析，逐个排查故障原因，并进行故障排除。常见故障现象、产生的原因、排除的方法见表 7-3。

表 7-3　故障列表

故 障 现 象	故 障 原 因	故 障 排 除
M1、M2、M3 不能启动	(1)组合开关 QS 接触不良 (2)熔断器 FU1、FU2、FU3 熔断 (3)热继电器动作 (4)限位开关 SQ7 接触不良	(1)检查三相电流、电压是否正常,如不正常,检修 QS (2)检查熔断器熔断原因,更换熔体 (3)检查过载原因,排除过载 (4)检修 SQ7 常闭触点长
主轴电动机变速无冲动过程	(1)限位开关 SQ7 接触不良 (2)机械部件不动作或未压迫到限位开关 SQ7	(1)检修 SQ7 常开触点 (2)检修机械部件,使其动作正常
主轴停车时无制动	(1)速度继电器动作不正常 (2)KM1 接触不良	(1)检修速度继电器,调整触头压力 (2)检修 KM1,调整触头压力
主轴停车后产生短时反转	速度继电器动触片弹簧过松,分断迟缓	调整速度继电器动触片弹簧压力
主轴电动机不能停车	(1)接触器 KM1 主触头熔焊 (2)停止按钮 SB1 或 SB2 触头断路	(1)更换接触器 (2)更换停止按钮
M2 不能启动,M1 能启动	(1)KM3、KM4 损坏 (2)转换开关 SA1、SA2 接触不良	(1)检查 KM3、KM4 线圈和触头 (2)检修 SA1、SA2,更换损坏元件
进给电动机无冲动控制	限位开关 SQ6 常开触头接触不良	检修 SQ6
工作台不能快速进给	(1)KM5 损坏 (2)YA 有故障 (3)离合器摩擦片位置不当	(1)检修 KM5 线圈和触头 (2)检修 YA 线圈和铁芯 (3)调整离合器摩擦片

第四部分　总结提高

（1）认真总结学习过程，书面完成电路制作与调试过程的工作报告。

（2）根据本任务所掌握的知识和技能回答下列问题

① 控制电路中组合开关 SA1、SA2 的作用是什么？

② X62W 铣床的工作台可以在哪些方向上进给？

③ 62W 铣床电气控制中为什么要设置变速冲动？

④ X62W 铣床电气控制中牵引电磁铁 YA 的作用是什么？

学习情境八 电气设备控制系统的设计与制作

【学习内容】

电气设备电气控制系统的设计原则、内容和方法。

【学习目标】

了解电气控制系统的设计的原则、内容和方法等，结合设计任务自行查找相关资料并自学，小组协作完成控制系统要求的拟制，电气控制系统的电气原理图、接线图设计，编制说明书、撰写小组自评报告等。

任务 窗式空调器电气控制系统的设计

任务单：单冷（冷风）型 KC—20E 窗式空调器电气控制系统的设计项目任务书

××设备股份有限公司

项目任务书

编号：81 密级：机 密

KC—20E

课 题 名 称： 单冷（冷风）型窗式空调器电路设计

课题承担部门：_____

课 题 负 责 人：_____

课题参与人员：_____

批 准：_____

××年××月

1. 课题名称：KC—20E 系列单冷（冷风）型窗式房间空调器电气控制电路开发

2. 执行标准与法规

（1）主要依据

GB/T 7725—2004《房间空气调节器》

GB 4706.1—2004《家用和类似用途电器的安全通用要求》

GB 4706.32—2004《家用和类似用途电器的安全热泵空调器和除湿机的特殊要求》

GB4343.1—2003《家用和类似用途电动、电热器具、电动工具以及类似电器无线电干扰特性测量方法和允许值》

GB5296.2—1999《消费品使用说明家用和类似用途电器的使用说明》

（2）参照标准

IEC335—2—40—1992

3. 适用范围（电源要求等）

～220V、50Hz 电源

4. 使用条件（气候条件等）

①使用环境温度范围：—12～53℃（冷风型 15～53℃）；

②使用相对湿度：20％～98％；

③空调器存放温度：—20～65℃；

④沿海盐雾气候条件。

5. 主要功能要求

①具有机械开关控制、自动摆风、自动故障检测与保护等功能；

②具有开、关、通风（高、低）、制冷（强冷、弱冷）等功能。

6. 安全性要求

①电气安全必须符合 GB4706.32—2004《家用和类似用途电器的安全热泵空调器和除湿机的特殊要求》，符合 CCC 认证要求；

②所有保护元器件动作特性必须符合直接要求以及过程要求，充分考虑空调器防触电、防起火保护功能设计冗余量。

7. 工艺性要求、可配套性要求

①新设计零部件、改进设计零部件必须与借用零部件互配；

②应能适应现有生产工艺和生产设备条件，并应充分考虑现有条件提高生产效率。

8. 可靠性质量指标要求

①装配直通率≥99.4％；

②一次装配送检合格率≥99.9％；

③早期故障率≤1.5％（统计周期为安装后一年）。

9. 认证要求

CCC 认证。

10. 使用、运输的可靠性要求

设计寿命 10 年；运行部件设计寿命 2 万小时。

11. 维修要求

①设计充分考虑维修的方便性；

②充分考虑常见故障的维修（现场服务）的方便性，以及维修人员的安全性；

③应能承受非专业用户的各种操作，在误操作条件下不能产生机器的损坏及安全问题。

12. 成本要求：（略）

13. 完成时间：（略）

14. 其他要求

项目完成后须形成总结本项目开发相关论文 1 篇。

第一部分　目的与要求

1. 知识目标

① 了解电气设备电气控制系统的设计原则、内容和方法；

② 熟悉电气控制系统的设计步骤，电气原理图和接线图等图的绘制和工艺文件的编制工作。

2. 技能目标

学会电气控制系统的设计方法和设计步骤；学会电气原理图和接线图等图的绘制和工艺技术文件编制。

第二部分　知识链接

任何电气设备电气控制装置的设计都包括两个基本方面：一个是满足电气设备的各种控制要求，另一个是满足电气控制设备本身的制造、使用及维护的需要。前者决定着电气设备的先进性、合理性，后者决定了电气控制设备的生产可行性、经济性、使用及维护方便与否。因此，在设计时这两个方面要同时考虑。

尽管电气设备的种类多种多样，电气控制设备也各有不同，但电气控制系统的设计原则和设计方法基本相同。作为一个电气工程技术人员，应了解电气设备电气控制系统设计的基本原则和内容，电力拖动系统设计的确定原则，理解继电-接触器控制系统设计的一般要求，掌握电气控制线路设计的基本规律和注意事项，以及常用控制电器的选择。

1. 电气设备电气控制设计的基本原则和内容

1）电气设备电气控制设计的基本原则。

在设计的过程中，一般要遵循以下几个原则。

（1）电气控制的设计要满足电气设备的控制要求。电气设备对电气控制系统的要求是电气设计的主要依据，设计时必须充分和最大限度地考虑。对于有调速要求的场合，还应给出调速技术指标。

（2）在满足控制要求的前提下，设计方案应力求简单、经济。

（3）妥善处理机械与电气的关系。很多生产机械是采用机电结合控制方式来实现控制要求的，要从工艺要求、制造成本、结构复杂性、使用维护方便等方面协调处理好二者的关系。

（4）正确合理地选用电器元件，特别是如接触器、继电器等一些主控设备。

（5）确保使用安全可靠。

（6）造型、结构要美观、使用操作维护要方便。

（7）考虑供电电网的种类、电压、频率及容量。

2）电气设备电气控制设计的主要内容

（1）电气控制设计内容

① 拟订电气设计任务书。

② 选择拖动方案与控制方式。

③ 确定电动机的类型、容量、转速，并选择具体型号。

④ 设计电气控制方式，确定各部分之间的关系，拟订各部分技术要求。

⑤ 设计并绘制电气原理图，计算主要技术参数。

⑥ 选择电气元件，制定元件目录清单。

⑦ 编写设计说明书。

（2）工艺设计内容

① 根据设计的原理图以及选定的电器元件，设计电气设备电力装备的总体配置，绘制电气控制系统的装配图和接线图，供装配、调试及日常维护使用。

② 对总原理图进行编写，绘制各个组件的原理电路图，列出各部分的元件目录表，并根据总图编写，统计出各组件的进出线号。

③ 根据组件原理电路及选定的元件目录表，设计组件装配图（电器元件布置与安装）和接线图中应反映各电器元件的安装方式与接线方式。

④ 根据组件装配要求，绘制电器安装板和非标准的电器安装图纸，标明技术要求。这些图纸是机械加工和外协作加工所必需的技术资料。

⑤ 设计电气箱。根据组件尺寸及安装要求确定电气箱结构与外形尺寸，设置安装支架，标明安装尺寸、面板安装方式、各组件的连接方式，通风散热以及开门方式。在电气箱设计中，应注意操作维护方便与造型美观。

⑥ 根据总原理图，总装配图及各组件原理图等资料，进行汇总，分别列出外购件清单，标准件清单以及主要材料消耗定额。这些是生产管理和成本核算所必须具备的技术资料。

⑦ 编写使用维护说明书。

3）电气设备电力装备设计的一般程序

（1）拟订设计任务书。设计任务书是整个系统设计的依据，同时又是今后设备竣工验收的依据。因此，设计任务书的拟订是一个十分重要而且必须认真对待的工作。

设计任务书中，除简单说明所造设备的型号、用途、工艺过程、动作要求和工作条件以外，还应说明以下主要技术指标及要求。

① 控制精度、生产效率要求。

② 电气传动基本特征，如运动部件数量、动作顺序、负载特性、调速指标、启动、制动要求等。

③ 自动化程度要求。

④ 稳定性及抗干扰要求。

⑤ 保护及连锁要求。

⑥ 电源种类、电压等级、频率及变量要求。

⑦ 目标成本与经费限额。

⑧ 验收方式及验收标准。

⑨ 其他相关要求。

（2）选择拖动方案与控制方式。电力拖动方案与控制方式的确定是设计的主要部分，很容易理解，只是总体方案正确的情况下，才能保证电气设备各项技术指标实施的可能性。在设计过程中，对个别环节要进行重复试验，不断地改进和修改，有时还要列出几种可能的方案，并根据实际情况和工艺要求进行比较分析后做出决定。

电力拖动方案的确定是以零件加工精度、加工效率要求，电气设备的结构、运动部件的数量、运动的要求、负载特性、调速要求以及资金等条件为依据的，也就是根据这些条件来确定电动机的类型、数量、传动方式，以及确定电动机的启动、运行、调速、转向、制动等控制方式。

例如，对于有些电气设备的拖动，根据工艺要求，可以采用直流拖动，也可以采用交流拖动；可以采用集中控制、也可以采用分散控制。要根据具体情况进行综合考虑、比较论证，做出合理的选择。

（3）电动机的选择。拖动方案决定后，就可以进一步选择电动机的类型、数量、结构形式、容量、额定电压以及额定转速等。

（4）选择控制方式。拖动方案确定之后，拖动电动机的类型、数量及其控制要求就已基本确定，采用什么方式去实现这些控制要求就是控制方式的选择问题。随着技术的更新与发展，可供选择的控制方式很多，比如继电—接触器控制、顺序控制、可编程逻辑控制、计算机联网控制等，还有各种新型的工业控制器及标准分列控制系统也不断出现。本书所述的是继电—接触器控制系统。

（5）设计电气控制原理线路图并合理选用元器件，编制元器件。

（6）设计电气设备制造、安装、调试所必需的各种施工图，并以此为根据编制各种材料定额清单。

（7）编写产品使用说明书。

2. 电气控制线路设计

电气控制线路是继电—接触器控制系统设计的内容。在总体方案确定后，具体设计是从电气原理图开始，如上所述，各项设计指标是需要控制原理图来实现的，同时又是工艺设计和编制各种技术资料的依据。

1）电力拖动系统设计方案的确定原则

电力拖动系统设计的确定是电气设备电力装备设计主要内容之一。不同的电力拖动形式对设备的整体结构和性能有很大的影响。

（1）传动方式。电气传动上，一台设备只有一台电动机，通过机械传动链将动力传送到各个工作机构的称为主拖动。

电气传动发展的趋势是靠近执行机构，即由过去一台电动机驱动各个执行机构，改为一台电动机驱动一个执行机构，形成电动机的传动方式，这样，不仅能缩短机械传动链，提高传动效率，便于实现自动化，而且也能使机械传动累积差减小，设备总体结构得到简化。在实际应用时，要根据具体情况选择电动机。

（2）调速方式。设备的调速要求对于确定传动方案是一个很重要的因素。设备传动的调速方法一般可分为机械调速和电气调速。前者是通过电动机驱动变速机械或液压装置进行调速。后者是采用直流电动机或交流电动机及步进电动机的调速系统，以达到设备无级和自动调速的目的。

对于一般无特殊调速指标要求的设备应优先采用三相笼型异步电动机做电力拖动。因为该电动机具有结构简单、运行可靠、价格经济、维修方便等优点，若配以适当级数的齿轮变速箱或液压调速系统，便能满足一般设备的调速要求。当调速范围 D 为 2～3，调速级数为 2～4 时，可采用双速或多速笼型异步电动机，这样可以简化传动机构，减少机械传动链，提高传动效率，扩大调速范围。

对于调速范围、调速精度、调速平滑性要求较高以及起制动频繁的设备，则采用直流或交流调速系统。由于直流调速系统已经很完善，具有很好的调速性能，因此，在条件允许的情况下是优先考虑的方案，但其结构复杂、造价较高，而对于交流调速系统，其技术已日趋成熟，结构也较简单，在一定范围内有取代直流调速系统的趋势。

在选择调速方式时，还要考虑以下两点。

① 对于重型或大型设备的主运动和进给运动，精密机械设备（如坐标镗床、数控机床等）应采用无级调速，无级调速可用直流调速系统实现，也可用交流调速系统实现。

② 在选用三相笼型异步电动机的额定转速时，应满足工艺条件要求，可选用二极（同步转速 3000r/min）、四极（同步转速 1500r/min）或更低的同步转速，以便简化机械传动链，降低齿轮减速箱的制造成本。

（3）传动方式与其负载特性相适应。在确定电力传动方案时，要求电动机的调速特性与负载特性相适应。也就是在选择传动方式和确定调速方案时，要充分考虑负载特性，找出电动机在整个调速范围内转矩、功率与转速的关系（$T=f_{cn}$，$P=f_{cn}$）。确定负载需要恒转矩传动还是恒功率传动。这也是为合理确定传动方案、控制方案及选择电动机提高必要的依据。若设备的负责特性与电力传动系统的调速特性不相适应，将会引起电力传动的工作不正常，电动机得不到合理的使用。

（4）电动机启动、制动和正反转的要求。一般来说，由电动机来完成设备的启动、制动和正反转，要比机械方法简单容易。因此，机电设备主轴的启动、停止、正反转运动和调整操作，只要条件允许最好由电动机来完成。

机械设备主运动传动系统的启动转矩都比较小，因此，原则上可采用任何一种启动方式，而它的辅助运动，在启动时往往要克服较大的静转矩，所以在必要时可选用高启动转矩的电动机，或采用提高启动转矩的措施。另外，还要考虑电网容量。对于电网容量不大，而启动电流较大的电动机，一定要采取限制启动电流的措施（如串电阻启动等），以免因电网电压波动较大而造成事故。

如果对于制动的性能无特殊要求而电动机又不需要反转时，则采用反接制动，可使线路简化。在要求制动平衡、准确且制动过程中不允许有反转可能时，则宜采用能耗制动方式。在起重运输设备中也常采用具有连锁保护功能的电磁机械制动，有些场合也采用回馈制动。

电动机的频繁启动、反向或制动会使过渡过程中的能量损耗增加，导致电动机过热。因此，在这种情况下，必须限制电动机的启动或制动电流，或者在选择电动机的类型时加以考虑。有些机械手、数控机床、坐标镗床等除要求启动、制动、反向快速平稳外，还要求准确定位。这类高动态要求的设备需要采用反馈控制系统、步进电动机系统以及其他较复杂的控制手段来满足上述要求。

2）电气控制线路设计的基本步骤

电气控制线路设计的基本步骤如下所示。

① 根据选定的拖动方案及控制方式设计系统的原理框图，拟订出各部分的主要技术要求和主要技术参数。

② 根据各部分的要求，设计出原理框图中各个部分的具体电路。对于每一部分的设计应按照主电路、控制电路、辅助电路、连锁与保护、总体检查重复修改与完善的步骤进行。

③ 绘制总原理图。按系统框图结构将各部分联成一个整体。

④ 正确选用原理线路中每一个电器元件，并制订元器件目录清单。

对于比较简单的控制线路，可以省略前两步直接进行原理图设计和选用电器元件。但对于比较复杂的控制线路和要求较高的生产机械控制线路，则必须按上述过程一步一步进行设计。只有各个独立部分都达到技术要求，才能保证总体技术要求的实现，保证总装调试的顺利进行。

3）电气控制线路设计方法及设计实例

电气控制线路的设计方法主要有分析设计法和逻辑设计法两种。

（1）分析设计法。分析设计法也称经验设计法，先从满足生产工艺要求出发，按照电动机的控制方法，利用各种基本控制环节和基本控制原则，借鉴典型的控制线路，把它们综合

地组合成一个整体来满足生产工艺要求。这种设计方法比较简单，但要求设计人员必须熟悉
控制线路，掌握多种典型线路的设计资料，同时具有丰富的设计经验。分析设计法的灵活性
很大，对于比较复杂的线路，可能要经过多次反复修改才能得到符合要求的控制线路。另
外，初步设计出来的控制线路可能有几种，这时要加以比较分析，反复地修改简化，甚至要
经过实验加以验证，才能确定比较合理的设计方案。这种方法设计的线路可能不是最简，所
用的触点和电器不一定最少，所得出的方案不一定是最佳方案。

　　分析设计法没有固定的模式，还需选用一些典型线路环节凑合起来实现某些基本要求，
而后根据生产工艺要求逐步完善其功能，并加以适当配置连锁和保护环节。

　　下面通过 C534J1 型车床横梁电气控制原理线路的设计实例，进一步说明分析设计法的
设计过程。

　　① 电力拖动方式及其控制要求。为了适应不同高度工件加工时对刀的需要，要求安装
有左右立刀架的横梁能通过丝杠传动快速做上升和下降的调整运动。丝杠的正反转由一台三
相交流异步 M1 拖动，为了保证零件的加工精度，当横梁点动到需要的高度后，应立即通过
夹紧机构将横梁夹紧在立柱上。每次移动前要先放松夹紧装置，因此，设置另一台三相交流
异步电动机 M2 拖动夹紧放松机构，以实现横梁移动前的放松和到位后的夹紧动作。在夹
紧、放松机构中，设置两个行程开关 SQ1 与 SQ2，如图 8-1 所示，分别检测已放松和已夹
紧信号。

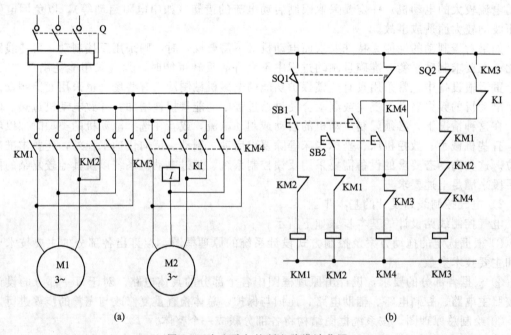

(a)　　　　　　　　　　　　　　　(b)

图 8-1　主电路与控制电路设计草图

　　横梁升降控制要求采用短时工作的点动控制。

　　(a) 横梁上升控制动作过程。按上升按钮→横梁放松（夹紧电动机反转）→压下放松位
置开关→停止放松→横梁自动上升（升/降电动机正转）→到位放开上升按钮→横梁停止上
升→横梁自动锁紧（夹紧电动机正转）→已放松位置与开关松开，达到一定夹紧后夹紧位置
开关压下→上升过程结束。

　　(b) 横梁下降控制动作过程。按下降按钮→横梁放松→压下已放松位置开关→停止放
松，横梁自动下降→到位放开下降按钮→横梁停止下降并自动短时间回升（升/降电动机短

时正转）→横梁自动夹紧→已放松位置开关松开，并夹紧一定紧度已夹紧位置开关压下→下降过程结束。

可见，下降与上升控制的区别在于到位后多了一个自动的短时回升动作，其目的在于消除移动螺母上端面与四杠的间隙，以防止工作过程中因横梁倾斜造成的误差，而上升过程中移动螺母上端面与丝杠之间不存在间隙。

横梁升降动作应设置上下极限保护。

② 设计过程

（a）根据拖动要求设计主电路。由于升、降电动机 M1 与夹紧放松电动机 M2 都要求正反转，所以采用 KM1、KM2 及 KM3、KM4 接触器主触头变换相序控制。

考虑到横梁夹紧时有一定的紧度要求，在 M_2 正转即 KM3 动作时，其中一相串过电流继电器 KI 检测电流信号，当 M_2 处于堵转状态，电流增长至动作值时，过电流继电器 KI 动作，使夹紧动作结束，以保证每次夹紧紧度相同。据此便可设计出如图 8-1 所示的主电路。

（b）设计控制电路草图。如果暂不考虑横梁下降的短时回升，则上升与下降控制过程完全相同，当发出"上升"或"下降"指令时，首先是夹紧放松电动机 M2 反转（KM4 吸合），由于平时横梁总是处于夹紧状态，行程开关 SQ1（检测已放松信号）不受压，SQ2 处于受压状态（检测已夹紧信号），将 SQ1 常开触头串在横梁升降控制电路中，常闭触头串于放松控制回路中（SQ2 常开触头串在立车工作台转动控制回路中，用于连锁控制），因此，在发出上升或下降指令时（按 SB1 或 SB2），必然是先放松（SQ2 立即复位，夹紧解除），当放松动作完成 SQ1 受压，KM4 释放，KM1（或 KM2）自动吸合实现横梁自动上升（或下降）。上升（或下降）到位，放开 SB1（或 SB2）停止上升，由于此时 SQ1 受压，SQ2 不受压，因此 KM3 自动吸合，夹紧动作自动发出直到 SQ2 压下，再通过 KI 常闭触头与 KM3 的常开触头串联的自保回路继续夹紧至过电流继电器动作（达到一定的夹紧度），控制过程自动结束。按此思路设计的草图如图 8-1 所示。

（c）完善设计草图。图 8-1 设计草图的功能不完善，主要是未考虑下降的短时回升。下降到位的短时自动回升，是满足一定条件下的结果，此条件与上升指令是"或"的逻辑关系，因此它与 SB1 并联，应该是下降动作结束即用 KM2 常闭触头与一个短时延时断开的时间继电器 KT 触头的串联组成，回升时间由时间继电器控制。于是，便可设计出如图 8-2 所示的设计草图之二。

（d）检查并改进设计草图，图 8-2 在控制功能上已达到上述控制要求，但仔细检查会发现 KM2 的辅助触头使用已超出接触器拥有数量，同时考虑到一般情况下不采用二常开二常闭的复式按钮，因此，可采用中间继电器 KA 来完善设计，如图 8-3 所示。其中 R－M、L－M 为工作台驱动电动机正反转连锁触头，以保证机床进入加工状态，不允许横梁移动。反之，横梁放松时就不允许工作台转动，可通过行程开关 SQ2 的常开触头串联在 R－M、L－M 的控制回路中来实现。在完善控制电路设计过程中，进一步考虑横梁上下极限位置保护而采用 SQ3 、SQ4 的常闭触头串接在上升与下降控制回路中。

（e）总体校核。控制线路设计完毕，最后需进行总体校核，检查是否存在不合理、遗漏或进一步简化的可能。检查内容包括控制线路是否满足拖动要求，触头使用是否超出允许范围，必要的连锁与保护，电路工作的可靠性，照明显示及其他辅助控制要求，以及进一步简化的可能。

（2）逻辑设计法。逻辑设计法是利用逻辑代数这一数学工具来进行电路设计，即根据生产机械的拖动要求及工艺要求，将执行元件的工作信息以及主令电器的接通与断开状态看成逻辑变量，并根据控制要求将它们之间的关系用逻辑函数关系式来表达，然后再运用逻辑函数基本公式和运算规律进行简化，使之成为需要的最简"与或"关系式，根据最简式画出相

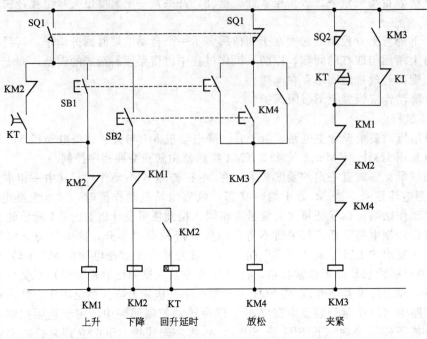

图 8-2　控制电路设计草图

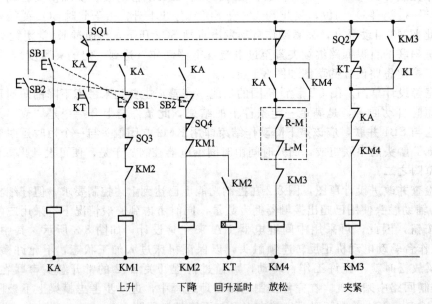

图 8-3　开控制电路设计图

应的电路结构图，最后再做进一步的检查和完善，即能获得需要的控制电路。

采用逻辑设计法获得理想、经济的方案，所用元件的数量少，各元件能充分发挥作用，当给定条件变化时，能指出电路相应变化的内在规律，在设计复杂控制线路时，更能显示出它的优点。

对于任何控制线路，控制对象与控制条件之间可以用逻辑函数式来表示，所以逻辑法不仅能用于线路设计，也可以用于线路简化和读图分析。逻辑代数读图法的优点是个控制元件的关系能一目了然，不会读错和遗漏。

例如，前设计所得控制电路图 8-3 中，横梁上升与下降动作发生条件与电路动作可以用下面的逻辑函数式来表示。

$$KA = SB1 + SB2$$
$$KM4 = \overline{SQ1} \cdot (KA + KM4) \cdot \overline{R-M} \cdot \overline{L-M} \cdot \overline{KM3}$$

动作之初横梁总处于夹紧状态，SQ1 为"0"（不受压）SQ2 为"1"（受压），因此在 R－M、L－M、KM3 均为"0"情况下，只要发出"上升"或"下降"指令 KM4 得电放松（夹紧解除 SQ2 由 3"1"变为"0"）直到 SQ1 受压（状态由"0"变为"1"），放松动作才结束。

$$KM1 = SQ1 \cdot (\overline{SB1} \cdot KA + KA \cdot KT) \overline{KM2} \cdot SQ3$$
$$KM2 = SQ1 \cdot SB2 \cdot \overline{SQ4} \cdot KA \cdot \overline{KM1}$$
$$KM3 = \overline{KA} \cdot \overline{KM4} (SQ2 \cdot \overline{KT} + KM3 \cdot KI)$$

可见，上升与下降动作只有在完全放松即 SQ1 受压情况下才能发生，当发出"上升"指令（SB1 为"1"）只可能 KM1 为"1"，发出下降指令只能 KM2 为"1"。放松结束后实现自动上升或下降之目的。达到预期高度，解除"上升"，KA 为"0"，上升动作立即停止。KM3 得电自动进入夹紧状态直至恢复原始状态，即 SQ1 不受压，SQ2 受压，自动停止夹紧动作。

若解除的是"下降"指令，KA 为"0"，下降动作立即停止，但由于 KT 失电时其触头延时动作，在延时范围内 KM1 短时得电使横梁回升，KT 触头延时动作后，回升结束，KM3 得电自动进入夹紧，直至过电流继电器动作，夹紧结束，又恢复原始状态。

逻辑电路有两种基本类型，对应的设计方法也各不相同。一种是执行元件的输出状态，只与同一时刻控制元件的状态有关。输入、输出呈单方向关系，即输出量对输入量的影响。这类电路称为组合逻辑电路，其设计方法比较简单，可以作为经验设计法的辅助和补充，用于简单控制电路的设计，或对某些局部电路进行简化，进一步节省并合理使用电器元件与触头。

例如：设计某台电动机只有在继电器 KA_1、KA_2、KA_3 中任何一个或两个动作时才能运转，而其他条件下都不运转，试设计其控制线路。其设计步骤如下所示

① 列出控制元件与执行元件的动作状态表，见表 8-1 所示。

表 8-1　动作状态表

KA1	KA2	KA3	KM
0	0	0	0
0	0	1	1
0	1	0	1
0	1	1	1
1	0	0	1
1	0	1	1
1	1	0	1
1	1	1	0

② 根据表 8-1 写出 KM 的逻辑代数式。

$$KM = \overline{KA1} \cdot \overline{KA2} \cdot KA3 + \overline{KA1} \cdot KA2 \cdot KA3 + KA1 \cdot \overline{KA2} \cdot KA3 +$$
$$KA1 \cdot \overline{KA2} \cdot \overline{KA3} + KA1 \cdot KA2 \cdot \overline{KA3} + \overline{KA1} \cdot KA2 \cdot \overline{KA3}$$

③ 利用逻辑代数基本公式化简单至最简"与或"式。

$$KM = \overline{KA1}(\overline{KA2} \cdot KA3 + KA2 \cdot \overline{KA3} + KA2 \cdot KA3) + KA1(\overline{KA2} \cdot \overline{KA3} + \overline{KA2} \cdot KA3 + KA2 \cdot \overline{KA3})$$

$$=\overline{KA1}[KA3(\overline{KA2}+KA3)+KA2\cdot\overline{KA3}]+KA1[\overline{KA3}\cdot(\overline{KA2}+KA2)+\overline{KA2}\cdot KA3]$$
$$=\overline{KA1}(KA3+KA2\cdot\overline{KA3})+KA1(\overline{KA3}+\overline{KA2}\cdot KA3)$$
$$=\overline{KA1}(KA2+KA3)+KA1(\overline{KA3}+\overline{KA2})$$

④ 根据简化了的逻辑式绘制控制电路，如图 8-4 所示。

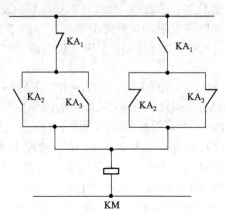

图 8-4　控制电路

另一类逻辑电路被称为时序逻辑电路，其特点是，输出状态不仅与同一时刻的输入状态有关，而且还与输出量的原有状态及其组合顺序有关，即输出量通过反馈作用对输入状态产生影响。这种逻辑电路设计要设置中间记忆元件（如中间继电器等），记忆输入信号的变化，以达到各程序两两区分的目的。其设计过程比较复杂，基本设计步骤如下所示。

① 根据拖动要求，先设计主电路，明确各电动机及执行元件的控制要求，并选择产生控制信号（包括主令信号与检测信号）的主令元件（如按钮、控制开关、主令控制器等）和检测元件（如行程开关、压力继电器、速度继电器、过电流继电器等）。

② 根据工艺要求作出工作循环图，并列出主令元件、检测元件以及执行的状态表，写出各状态的特征码（一个以二进制数表示一组状态的代码）。

③ 为区分所有状态（重复特征码）而增设必要的中间记忆元件（中间继电器）。

④ 根据已区分的各种状态的特征码。写出各执行元件（输出）与中间继电器、主令元件及检测元件（逻辑变量）间的逻辑关系式。

⑤ 化简逻辑式，据此绘出相应控制线路。

⑥ 检查并完善设计线路。

由于这种设计方法的难度较大，整个设计过程较复杂，还要涉及一些新的东西，因此，在一般常规设计中，很少单独采用。其具体设计过程可参阅专门论述资料，这里不再做进一步介绍。

4）电气控制线路设计的注意事项

电气控制线路的设计要本着设计线路简单、正确、安全、可靠、结构合理、使用维修方便等原则进行。在设计时应注意以下问题。

① 尽量减少控制线路中电流、电压的种类，控制电压等级应符合标准等级，在控制线路比较简单的情况下，可直接采用电网、电压，即交流 220V、380V 供电，可省去控制变压器。当然，很多控制系统应采用控制变压器降低控制电压，或用直流电压进行控制。

② 尽量减少触点，以提高可靠性。

③ 正确地连接电器的触点和电器的线圈。

④ 尽量缩短连接导线的数量和长度，设计控制线路时，应考虑到各个元件之间的实际

接线。

⑤ 正确地使用电器，尽量缩减电器的数量，采用标准件，并尽可能选用相同型号。

⑥ 控制线路在工作时，除必要的电器必须通电外，其余的尽量不通电以节约电能。

⑦ 在控制线路中，应避免出现寄生电路。在控制线路动作过程中，意外接近的电路称为寄生电路。

⑧ 避免电器依次动作，线路中应尽量避免许多电器依次动作才能接近另一个电器间控制线路。

⑨ 电气连锁和机械连锁共用，在频繁操作的可逆线路中，正反向接触器之间不仅要有电气连锁，而且还要有机械连锁。

⑩ 注意小容量继电器触点的容量，控制大容量接触器的线圈时，要计算继电器触点断开和接近容量是否足够，如果不够必须加小容量接触器或中间继电器，否则工作不可靠。

⑪应具有完善的保护环节，以避免因误操作而发生事故。完善的保护环节包括运载、短路、过电流、过电压、失电压等保护环节，有时还应设有合闸、断开、事故、安全等必需的指示信号。

3. 电气控制线路常用控制电器的选择

随着工业化程度的提高及科学技术的发展，自动化控制系统的规模越来越大，一个大型的自动化控制系统往往需要几万个电器元件。因此，整个系统可靠性的基础就是所选用电器元件的可靠性。比如一个串联电路，其中只要有一个电器元件失效，就会使整个电路发生故障，可能会使整个设备所造成的损失要远远超过该电器元件本身的价值。可见，如何正确选用好电器元件，对控制线路的设计是很重要的。

1）电器元件选择的基本原则

（1）根据对控制电器元件功能的要求，确定电器元件类型。比如，对于继电—接触器控制系统，当电器元件用于切换功率较小的电路（控制电路或微型电动机的主电路）时，则应选择中间继电器，若还伴有延时要求，则应选用时间继电器；若有限位控制，则应选用行程开关等。

（2）确定电器元件承载能力的临界值及使用寿命。主要是根据电器控制的电压、电流及功率的大小来确定电器元件的规格。

（3）确定电器元件预期的工作环境及供应情况。

（4）确定电器元件在应用时所需的可靠性等。

2）电动机的选择

电动机的机械特性应满足生产机械提出的要求，要与负载特性相适应，以保证加工过程中运行稳定并具有一定的调速范围与良好的启动、制动性能。电动机在工作过程中，容量要能得到充分作用，即温升尽可能达到或接近额定温升值。在此，正确选择电动机的容量是电动机选择的关键，由于生产机械拖动负载的变化，散热条件的不同，准确选择电动机的额定功率是一个多因素和较为复杂的过程，不仅需要一定理论分析为依据，还需要经过试验来校验。

（1）电动机容量的选择

电动机的额定容量由容许温升决定，选择电动机功率的依据是负载功率。因为电动机的容量反映了它的负载能力，它与电动机的容许温升和过载能力有关。前者是电动机负载时容许的最高温度、与绝缘材料的耐热性能有关；后者是电动机的最大负载能力，在直流电动机中受整流条件的限制，在交流电动机中由最大转矩决定。以机床电动机容量的选择为例，通常考虑两种类型。

① 主拖动电动机容量的选择

　　(a) 分析计算法。分析计算法是根据生产机械提供的功率负载图，预先一台功率相近的电动机，根据负载从发热方面进行检验，将检验结果与预选电动机参数进行比较，并检查电动机的过载能力与拖动转矩是否满足要求，如果不能满足要求，再选一台电动机重新进行计算，直至合格为止。

　　电动机在不同工作制下的发热校验计算有等效发热法、平均损失耗法等，详细计算方法可参阅有关资料。

　　(b) 统计类比法。统计类比法是在不断总结经验的基础上，选择电动机容量的一种实用方法，此法比较简单，但有一定的局限性，通常留有较大的裕量，存在一定的浪费。它是将各种同类型的机床电动机容量进行统计和分析，从中找出电动机容量和机床主要参数间的关系，再根据具体情况得出相应的计算公式。

　　对于不同类型的机床，目前采用的拖动电动机功率的统计分析公式为

$$P = 36.5D^{1.54}$$

式中　　P——主拖动电动机功率，kW；
　　　　D——工件最大直径，m。

　　立式车床主拖动电动机的功率为

$$P = 20D^{0.88}$$

式中　　P——主拖动电动机功率，kW；
　　　　D——工件的最大直径，m。

　　摇臂钻床主拖动电动机功率为

$$P = 0.0646D^{1.19}$$

式中　　P——主拖动电动机功率，kW；
　　　　D——最大钻孔直径，mm。

　　卧式镗床主拖动电动机功率为

$$P = 0.004D^{1.7}$$

式中　　P——主拖动电动机功率，kW；
　　　　D——镗杆直径，mm。

　　龙门刨床主拖动电动机功率为

$$P = \frac{1}{166}B^{1.15}$$

式中　　P——主拖动电动机功率，kW；
　　　　B——工作台宽度，mm。

　　② 进给拖动电动机容量的选择。主进给拖动和进给拖动共用一个电动机的情况下，计算主拖动电动机的功率即可。而主拖动和进给拖动没有严格内在联系的机床（如铣床），一般进给拖动采用单独的电动机拖动，该电动机除拖动进给运动外，还拖动工作台的快速移动。由快速移动所需的功率比进给运动所需功率大得多，所以该电动机的功率常按快速移动所需功率来选择。快速移动所需功率，一般按经验数据来选择，见表 8-2。

表 8-2　进给拖动电动机功率经验数据

机床类型		运动部件	移动速度/(m/min)	所需电动机功率/kW
卧式车床	$D_{max} = 400mm$	溜板	6~9	0.6~1.0
	$D_{max} = 600mm$		4~6	0.8~1.2
	$D_{max} = 1000mm$		3~4	3.2

续表

机床类型	运动部件	移动速度/(m/min)	所需电动机功率/kW
摇臂钻床 D_{max} 为 35～75mm	摇臂	0.5～1.5	1～2.8
升降台铣床	工作台	4～6	0.8～1.2
	升降台	1.0～2.0	1.2～1.5
龙门镗铣床	横梁	0.25～0.50	2～4
	横梁上的铣头	1.0～1.5	1.5～2
	立柱上的铣头	0.5～1.0	1.5～2

　　机床进给拖动的功率一般均较小，按经验，车床、钻床的进给拖动功率为主拖动功率的 3%～5%，而铣床的进给拖动功率为主拖动功率的 20%～25%。

　　(2) 电动机额定电压的选择

　　直流电动机的额定电压应与电源电压相一致。当直流电动机由直流发电动机供电时，额定电压常用 220V 或 110V。大功率电动机可提高到 600～800V，甚至为 1000V。当电动机由晶闸管整流装置供电时，为了配合不同的整流电路形式，Z3 型电动机除了原有的电压等级外，还增加了 160V（单相桥式整流）及 440V（三相桥式整流）两种电压等级；Z2 型电动机也增加了 180V、340V、440V 等电压等级。

　　对于交流电动机、额定电压则与供电电网电压一致。一般车间电网电压为 380V，因此，中小型异步电动机额定电压为 220/380V（Y—△连接）及 380/600V（Y—△连接）两种。

　　(3) 电动机额定转速的选择

　　对于额定功率相同的电动机、额定转速愈高，电动机的尺寸、质量和成本愈小；相反，电动机的额定转速愈低，则体积愈大，价格也愈高，功率因数和效果也愈低，因而选择高速电动机较为经济。但由于生产机械所需转速一定，电动机的转速愈高，传送机构速比愈大，传动机构愈复杂，因此，应通过综合分析来确定电动机的额定转速。

　　① 电动机连续工作时，很少启动、制动。可从设备初始投资、占地面积和维护费用等方面，以几个不同的额定转速进行全面比较，最后确定转速。

　　② 电动机经常启动、制动及反转，但过渡过程持续时间对生产率影响不大时，除考虑初投资外，主要以过渡过程能量损耗最小为条件来选择转速比及电动机额定转速。

　　(4) 电动机结构形式的选择

　　电动机的结构形式按其安装位置的不同可分为卧式、立式等。根据电动机与工作机构的连接方便和紧凑为原则来选择。如立铣、龙门铣、立式钻床等机床的主轴都是垂直于机床工作台的，这时采用立式电动机较合适，它可减少一对变换方向的圆锥齿轮。

　　另外，按电动机工作的环境条件，还有不同的防护形式供选择，如防护式、封闭式、防爆式等，可根据电动机的工作条件来选择。粉尘多的场合，选择封闭式的电动机；易燃易爆的场合选用防爆式电动机。按机床电气设备通用技术条件中规定，机床应采用全封闭扇冷式电动机。机床上推荐使用防护等级最低为 IP44 的交流电动机。在某些场合下，还必须采用强迫通风。

　　通常的 Y 系列三相异步电动机是封闭自扇冷式笼型三相异步电动机，是全国统一设计的基本系列，它是我国 20 世纪 80 年代取代 JO2 系列的更新换代产品。安装尺寸和功率等级完全符合 IEC 标准和 DIN42673 标准。本系列采用 B 级绝缘，外壳防护等级为 IP44，冷却方式为 ICO.141。

　　YD 系列三相异步电动机的功率等级和安装尺寸与国外同类型先进产品相当，因而具有与国外同类型产品之间良好的互换性，供配套出口及引进设备替换。

　　3) 控制变压器容量计算

当控制线路比较复杂，控制电压种类较多时，需要采用控制变压器进行电压变换，以提高工作的可靠性和安全性。

控制变压器的容量可以根据由它供电的控制线路在最大工作负载时所需要的功率来考虑，并留有一定的余量。即

$$S_T = K_T \Sigma S_C$$

式中　S_T——控制变压器容量，VA；

　　　ΣS_C——控制电路在最大负载时所有吸持电器消耗功率的总和，VA，对于交流电磁式电器，S_C 应取其吸持视在功率，VA；

　　　K_T——变压器容量储备系数，一般取 1.1～1.25。

常用交流电磁式电器的启动与吸持功率（均为视在功率）见表 8-3。

表 8-3　启动与吸持功率

电器型号	启动功率 S_S/VA	吸持功率 S_C/VA	电器型号	启动功率 S_S/VA	吸持功率 S_C/VA
JZ7	75	12	CJ10—40	280	33
CJ10—5	35	6	MQ1—5101	≈450	50
CJ10—10	65	11			
CJ10—20	140	22	MQ1—5111	≈1000	80
CJ10—40	230	32	MQ1—5121	≈1700	95
CJ10—10	77	14	MQ1—5131	≈2200	130
CJ10—20	156	33	MQ1—5141	≈100000	480

4）常用电器元件的选择

在控制系统原理图设计完成后，就可根据线路要求，选择各种控制元件，并以元件目录的形式列在标题栏上方。

正确、合理地选用各种电器元件是控制线路安全与可靠工作的保证，也是使电气控制设备具有一定的先进性和良好的经济性的重要环节。下面从设计和使用角度简要介绍一些常用控制元件的选择依据。

（1）按钮、刀开关、组合开关、限位开关及自动开关的选择

① 按钮　按钮通常是用来短时接通或断开小电流控制电路的一种主令电器。其选用依据主要是按需要的触点对数、动作要求、是否需要带指示灯、使用场合以及颜色等要求。目前，按钮产品有多种结构形式、多种触头组合以及多种颜色，供不同使用条件选用。例如，紧急操作一般选用蘑菇形，停止按钮通常选用红色等。其额定电压有交流 500V、直流 440V，额定电流 5A。常选用的按钮有 LA2、LA10、LA19 及 LA20 等系列。

② 刀开关　刀开关又称闸刀，主要用于接通和断开长期工作设备的电源及不经常启动及制动容量小于 7.5kW 的异步电动机。刀开关选用时，主要是根据电源种类、电压等级、断流容量及需要极数。当用刀开关来控制电动机时，其额定电流要大于电动机额定电流的 3 倍。

③ 组合开关　组合开关主要用于电源的引入，所以又称为电源隔离开关。其选用依据是电源种类、电压等级、触头数量以及断流容量。当采用组合开关来控制 5kW 以下小容量异步电动机时，其额定电流一般为（1.5～2.5）I_N，接通次数小于 15～20 次/h，常用的组合开关为 HZ10 系列。

④ 限位开关　限位开关主要用于位置控制或有位置保护要求的场合。限位开关种类很多，常用的有 LX2、LX19、JLZK1 型限位开关以及 LXW—11、JLXW—11 型微动开关。选用时，主要根据机械位置对开关形式要求的控制线路对触头数量的要求，以及电流、电压

等级来确定其型号。

⑤ 断路器　由于断路器具有很好的保护作用，故在电气设计的应用中越来越多。自动开关的类型较多，有框架式、塑料外壳式、限流式、手动操作式和电动操作式。在选用时，主要从保护特性要求（几段保护）、分断能力、电网电压类型、电压等级、长期工作负载的平均电流、操作频率程度等几个方面去确定型号。

在初步确定断路器的类型和等级后，保护动作值的整定还必须注意与上下开关保护特性的协调配合，从总体上满足系统对选择性保护的要求。

（2）接触器的选择

在电气控制线路中，接触器的使用范围十分广泛，而其额定电流或额定控制功率是随使用条件的不同而变化的，只有根据不同使用条件去正确选用，才能保证它在控制系统中长期可靠地运行，充分发挥其技术经济效果。

接触器分直流和交流接触器，选择的主要依据是接触器主触头的额定电压、电流要求，辅助触头的种类、数量及其额定电流、控制线圈电源种类、频率与额定电压、操作频繁程度负载类型等因素。具体选用方法是：

① 主触头额定电流 I_N 的选择。主触头的额定电流应大于、等于负载电流，对于电动机负载可按下面经验公式计算主触头电流 I_N。即

$$I_N = \frac{P_N \times 10^3}{K U_N}$$

式中　　P_N——被控制电动机额定功率，kW；

　　　　U_N——电动机额定线电压，V；

　　　　K——经验系数取 1～1.4。

在选择接触器额定电流应大于计算值，也可以参照表 8-4，按被控制电动机的容量进行选取。

对于频繁启动、制动与频繁正反转工作情况，为了防止主触头的烧蚀和过早损坏，应将接触器的额定电流降低一个等级使用，或将表 8-4 中的控制容量减半选用。

表 8-4　接触器额定电流的选取

型号	额定电流/A	可控制的笼式异步电动机的最大容量/kW		
		220V	380V	500V
CJ10－5	5	1.2	2.2	2.2
CJ10－10	10	2.2	4.0	4.0
CJ10－20	20	5.5	10.0	10.0
CJ10－40	40	11	20.0	20.0
CJ10－60	60	17	30.0	30.0
CJ10－100	100	30	50	50
CJ10－150	150	43	75	75

② 主触头额定电压 U_N 应大于控制线的额定电压。

③ 接触器触点数量、种类应满足控制需要，当辅助触点的对数不能满足要求时，可用增设中间继电器方法来解决。

④ 接触器控制圈的电压种类与电压等级应根据控制线路要求选用。简单控制线路可直接选用交流 380V、220V。线路复杂且使用电器较多时，应选用 127V、110V 或更低的控制电压。

直流接触器主要有 CZ0 系列，选用方法与交流接触器基本相同。

（3）继电器的选择

① 电器式继电器的选用。中间继电器、电流继电器、电压继电器等都属于这一类型。选用的依据主要是：被控制或被保护对象的特性、触头的种类、数量、控制电路的电压、电流、负载性质等因素。线圈电压、电流应满足控制线路的要求。如果控制电流超过继电器触头额定电流，可将触头并联使用，也可以采用串联使用方法来提高触头的分断能力。

② 时间继电器的选用。选用时应考虑延时方式（通电延时或断电延时）、延时范围、延时精度要求、外形尺寸、安装方式、价格等因素。

常用的时间继电器有气囊式、电动式及晶体管式等，在延时精度要求不高和电源电压波动大的场合，宜选用价格较低的电磁式或气囊式时间继电器。当延时范围大和延时准确度较高时，可选用电动式或晶体管式时间继电器。

③ 热电器的选用。热继电器有两相式、三相式等形式。对于星形接法的电动机及电源对称性较好的情况，可采用两相式结构的热继电器；对于三角形接法的电动机或电源对称性不够好的情况，则应选用三相式结构或带断相保护的三相结构热继电器；而在重要场合或容量较大的电动机，可选用半导体温度继电器来进行过载保护。

热继电器发热元件额定电流原则上按被控制电动机的额定电流选取，并依此去选择发热元件编号和一定调节范围。

④ 熔断器的选择。熔断器选择的主要内容是其类型、额定电压、熔断器额定电流等级与熔体额定电流。根据负载保护特性、短路电流大小及各类熔断器的适用范围来选择熔断器的类型。额定电压是根据被保护电路的电压来选择的。

熔体额定电流是选择熔断器的关键，它与负载大小、负载性质密切相关。对于负载平稳、无冲击电流（如照明、信号、电热电路），可直接按负载额定电流选取；而对于电动机一类有冲击电流负载，熔体额定电流可按下式计算值选取。

单台电动机长期工作时为

$$I_R = (1.5 \sim 2.5) I_N$$

多台电动机长期共用一个熔断器保护：

$$I_R \geqslant (1.5 \sim 2.5) I_{Nmax} + \Sigma I_N$$

式中　I_{Nmax}——容量最大一台电动机的额定电流；

　　　ΣI_N——除容量最大的电动机之外，其余电动机额定电流之和。

轻载及启动时间短时，系数取 1.5。启动负载较重及启动时间长，启动次数又较多的情况则取 2.5。

容体额定电流的选取还要考虑到上下级保护的配合，以满足选择性保护要求，使下一级熔断器的分断时间较上一级熔断器熔体的分断时间要短，否则，将会发生越级动作，扩大停电范围。

4. 空调器电气控制系统

1）电气控制系统的基本组成

空调器的电气控制系统一般包括温度控制、制冷制热变换控制、保护控制、除霜控制等几部分。空调器的电气控制系统主要由电源、信号输入、微型计算机、输出控制和 LED 显示等几部分组成。电源部分为整个控制系统提供电能，220V 的交流电经变压器降压输出15V 的交流电压，再由桥式整流电路转变成直流电压，然后通过三段稳压 7805 和 7812 芯片输出稳定的 5V 及 12V 直流电压供给各集成电路及继电器；信号输入部分的作用是采集各个时间的温度，接收用户设定的温度、风速、定时等控制内容；微型计算机是电气控制系统中的运算和控制部分，它处理各种输入信号，发出指令控制各个元件的工作；输出控制部分是电气控制系统的执行部分，它根据微型计算机发出的指令，通过继电器或光电耦合来控制压缩机、风扇电动机、电磁换向阀、步进电动机等部件的工作；LED 显示部分的作用是显示空调器的工作状态。

　　2）电气控制系统主要电气元件

　　（1）风扇电动机。风扇电动机有单相和三相两种。对风扇电动机的要求是噪声低、振动小、运转平稳、重量轻、体积小，并且转速能调节。

　　窗式空调器的风扇电动机带有离心风扇和轴流风扇两个风扇。分体式空调器室内机组和室外机组各有一个风扇电动机，分别带动离心风扇和轴流风扇。其中，室内机组多采用单相多速电动机，而室外机组一般采用单相单速电动机。为了保护电动机，一般在其内部或外部设置外保护器。

　　（2）电容器。在单相风扇电动机和单相压缩机电动机电路中一般都有电容器，它为电动机提供启动力矩减小运行电流和提高电动机的功率因数。

　　（3）温控器。空调器的温度控制是通过温控器进行，温控器又称温度继电器，有机械式及电子式两种，电子式温控器具有温控精度高、反应灵敏、使用方便等优点，因而广泛应用于微型计算机控制的空调器电路中。电子式温控器一般采用全密闭封装的热敏电阻，当温度升高时，热敏电阻的阻值降低；而温度降低时，阻值升高。这样引起电路里电流、电压的变化，通过电路中的放大、比较、控制等，自动显示温度，并根据已设定的温度，自动控制空调器的工作状态，以达到控制温度的目的。机械式温控器的温度精度比电子式温控器差，一般温度调节范围为15～30℃，常用的有压力式温控器。它主要由波纹管、感温毛细管、杠杆、调节螺钉及与旋钮柄相连的凸轮所组成。感温毛细管与波纹管形成一个密闭系统，内充感温剂。感温毛细管放在空调器的室内吸入空气的风口处，感受室内循环回风的温度。当室温上升时，毛细管和波纹管内的感温剂膨胀，压力上升，使波纹管伸长，推动杠杆等传动机构，此时电气开关接通，制冷压缩机运转，系统制冷，空调器吹冷风；当室温下降时，毛细管和波纹管内的感温剂收缩，压力也降低，引起波纹管收缩，杠杆等传动机构反向动作，电气触点断开，压缩机停止运动，空调器只通风不制冷。

　　（4）步进电动机。步进电动机一般用于分体壁挂式空调器的风向调节。在脉冲信号控制下，其各相绕组加上驱动电压后电动机可正、反向转动。

　　（5）热继电器和过载保护器。整定热继电器工作电流时，应使其稍大于压缩机的额定工作电流（约1.5倍），若电流调得太大，压缩机过热时热继电器不动作，就容易损坏压缩机；若调得太小，会使压缩机频繁起停而不能正常工作。

　　过载保护器也是用来保护压缩机的，当压缩机过流或过热时，串联在压缩机主的电路中过载保护器触点断开电路，从而保护压缩机。

　　3）控制功能分析

　　（1）制冷运行。制冷运行的温度范围设定为15～30℃，当室内温度高于设定温度时，电气控制系统发出指令，室外机组的压缩机和室外风扇电动机工作。制冷运行时室内风扇电动机始终运转，可选择高、中、低任意一挡风速。当室温低于设定温度时，压缩机、室外风扇电动机停止运行。

　　（2）抽湿运行。抽湿时，室内风扇电动机、室外风扇电动机和压缩机先同时运转，当室内温度降至设定温度后，室外风扇电动机和压缩机停止运转，室内风扇电动机继续运转30s后停止，6min后再同时启动室内、外机组，如此循环进行。在抽湿运行时，室内风扇电动机自动设定为低速挡。

　　（3）送风运行。送风运行时，可选择室内风扇电动机自动、高、中、低任意一挡风速，但室外风扇电动机不工作。

　　（4）制热运行。制热运行的温度范围设定为15～30℃，当室内温度低于设定温度时，电气控制系统发出指令，室外机组的压缩机、四通阀、室外风扇电动机工作，空调器开始制热运行。在制热运行中，当室内机组盘管温度小于或等于20℃时，为了避免向室内吸冷风，室内风扇电动机停转；当盘管温度大于28℃时，室内风扇电动机运转。此外，为了提高制热效率，微电脑会根据室外侧铜管的温度及压缩机的运转情况来判断空调器是否需要除霜。在除霜时，压缩机运转，室外风扇电动机、室内风扇电动机停止工作，待除霜结束后再恢复工作。

（5）自动运行进入自动运行工作方式后，室内风扇电动机按自动风速运转，微型计算机根据接收到的外界信息自动选择制冷、制热或送风运行。

第三部分　技能训练

1. 任务描述

根据任务单单冷（冷风）型 KC—20E 窗式空调器电气控制系统的设计项目任务书要求，依据窗式空调器电气控制系统的典型线路，采用强电控制方案来设计单冷（冷风）型 KC—20E 窗式空调器电气控制系统的电气原理图、电气接线图等技术文件，有条件的情况下按设计方案进行电气控制系统的试制工作。

2. 训练内容及工作步骤

① 读懂窗式空调器电气控制系统的典型线路。如图 8-5 所示为单冷（冷风）型 KC—31E 的电气原理图、如图 8-6 所示为单冷（冷风）型 KC—31E 的电路图、如图 8-7 所示为单冷（冷风）型 KC—31E 的电气接线图、如图 8-8 所示为单冷（冷风）型 KC—31E 的电气接线图（表）和如图 8-9 所示为单冷（冷风）型 KC—31E 的电气接线图（表）等技术文件。

图 8-5、图 8-6 分别为单冷（冷风）型 KC—31E 的电气原理图和电路图。图中 XP 是电源插头，SA1 为转换开关，SA2 为船形开关，MF 为风扇电动机，MC 为压缩机，ML 为转页电动机，KT 为温控器，KR 为过载保护器，C1、C2 分别为风扇电动机和压缩机电容器，XT 为端子板，XS1、XP1 分别为中间连接器的插孔和插针。当插上电源插头 XP 并将转换开关开至强风挡时 0—1、0—4 接通，风扇电动机 MF 的高速挡被接通，风扇电动机高速运转，转页电动机 ML 是否工作与船形开关 SA2 开闭状态有关。当转换开关开至强冷挡时，0—1、0—2、0—4 接通，MF 的高速挡被接通，MC 压缩机电源也被接通，空调器作强冷运行，转页电动机 ML 是否工作与船形开关 SA2 开闭状态有关。当转换开关开至弱冷挡时，0—1、0—2、0—3 接通，MF 的低速挡及 MC 被接通，空调器作弱冷运行，转页电动机 ML 是否工作与船形开关 SA2 开闭状态有关。当转换开关开至弱风挡时，0—1、0—3 接通，MF 的低速挡被接通，风扇电动机低速运转，转页电动机 ML 是否工作与船形开关 SA2 开闭状态有关。在制冷运行时，KT 温控器通断状态与环境温度和设定温度有关，当设定温度小于等于环境温度时，KT 温控器触头处于闭合状态，否则触头为断开状态；KT 温控器设置在强制制冷状态时，其触头处于闭合状态。

② 分析窗式空调器电气控制系统的基本功能要求和空调器相关执行标准。按分析设计法设计单冷（冷风）型 KC—20E 窗式空调器电气控制系统的电气原理图、电气接线图等技术文件。

根据单冷（冷风）型 KC—31E 的电气原理图和电路图的原理学习和分析，结合任务书要求等制定单冷（冷风）型 KC—20E 窗式空调器电气控制系统的控制功能要求，用分析法对单冷（冷风）型 KC—20E 窗式空调器电气控制系统的电气原理图、电气接线图进行设计和相关电器元器件参数设计计算。

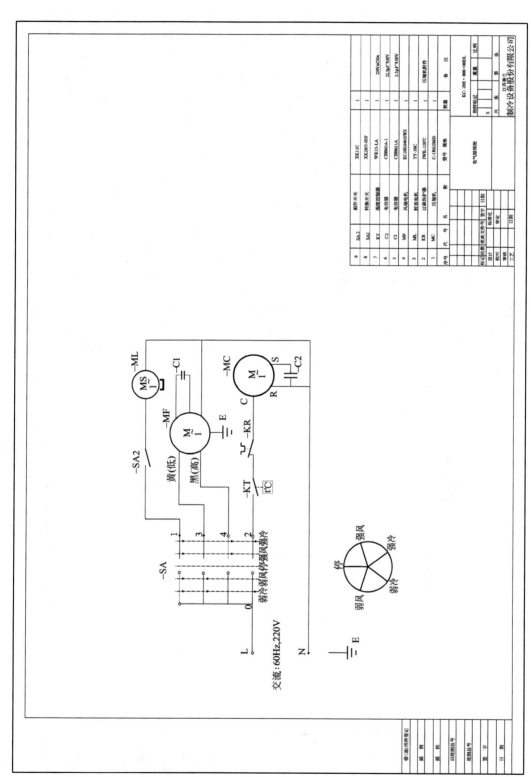

图 8-5　单冷（冷风）型 KC—31E 的电气原理图

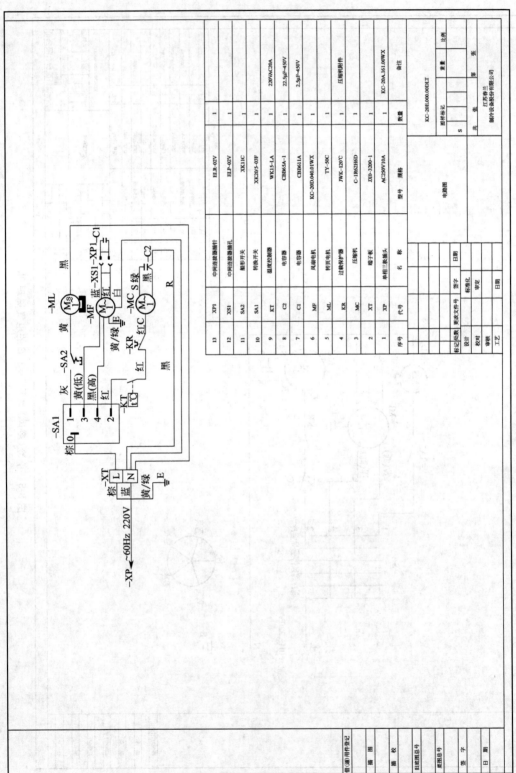

图 8-6　单冷(冷风)型 KC—31E 的电路图

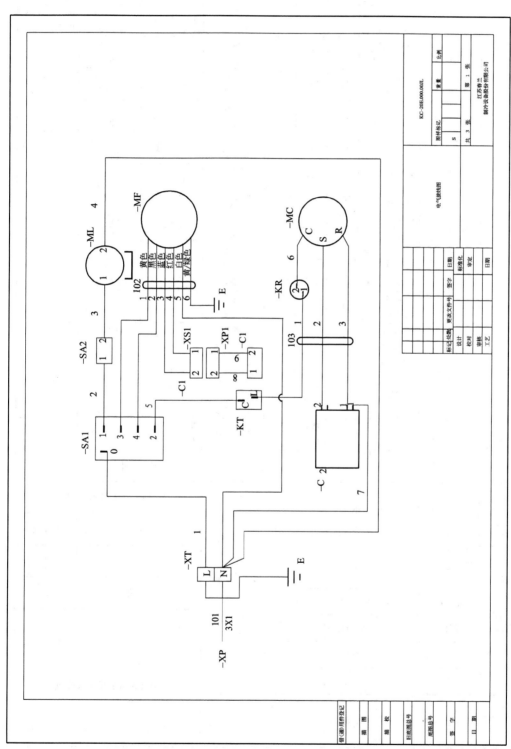

图 8-7　单冷（冷风）型 KC—31E 的电气接线图

线缆号	线号	型号及规格	长度	项目代号	端子号	参考端头	项目代号	端子号	参考端头	附注
	2	AWM1015 AWG20 灰色	170	SA1	1	63445 及护套	SA2	1	63475-2 及护套	KC—31B.000.00JL—02WX
	1	AWM1015 AWG16 棕色	220	XT	L	737440 及护套	SA1	0	737440 及护套	KC—31B.000.00JL—01WX
103	3	AWM1015 AWG16 黑色	900	MC	R	63445 及护套	C2	1	737440 及护套	KC—31E.000.00JL—01WX
	2	AWM1015 AWG16 绿色	900	MC	S	63445 及护套	C2	2	737440 及护套	
	1	AWM1015 AWG16 红色	900	KR	1	63445 及护套	KT	L	63445 及护套	
	6	RV42/0.15 黄/绿色	1050	MF		风机自配导线		E	OT1.5-4 接线片	
	5	AWM1015 AWG18 白色	950	MF		风机自配导线	XT	N	737440 及护套	
102	4	AWM1015 AWG18 红色	950	MF		风机自配导线	XS1	1	63475-2 及护套	
	3	AWM1015 AWG18 蓝色	950	MF		风机自配导线	XS1	2	63475-2 及护套	
	2	AWM1015 AWG18 黑色	950	MF		风机自配导线	SA1	4	737440 及护套	
	1	AWM1015 AWG18 黄色	950	MF		风机自配导线	SA1	3	737440 及护套	
	3	RVV3X1.5 黄/绿色		XP	E	电源插头配套导线		E	OT2.5-4 接线片	KC—31B.151.00WX
101	2	RVV3X1.5 蓝色		XP	N	电源插头配套导线	XT	N	搪锡 长13	
	1	RVV3X1.5 棕色		XP	L	电源插头配套导线	XT	L	搪锡 长13	
借(通)用件登记 线缆号	线号	型号及规格	长度	项目代号	端子号	参考端头 连接点 Ⅰ	项目代号	端子号	参考端头 连接点 Ⅱ	附注

描 图					KC—31E.000.00JL		
描 校					图样标记	重量	比例
旧底图总号				电气接线图	S		
底图总号	标记	处数	更改文件号	签字	日期	共 3 张	第 2 张
签 字	设计		标准化				
	校对		审核				
日 期	工艺		批准 日期		江苏春兰 制冷设备股份有限公司		

图 8-8　单冷(冷风)型 KC—31E 的电气接线图(表)

线缆号	线号	型号及规格	长度	连接点Ⅰ 项目代号	连接点Ⅰ 端子号	连接点Ⅰ 参考端头	连接点Ⅱ 项目代号	连接点Ⅱ 端子号	连接点Ⅱ 参考端头	附注
	9	AWM1015 AWG18 红色	80	C1	2	电容器配套导线	XP1	1	ELR—02V 1号针	
	8	AWM1015 AWG18 蓝色	80	C1	1	电容器配套导线	XP1	2	ELR—02V 2号针	
	7	AWM1015 AWG16 黑色	220	C2	1	737440 及护套	XT	N	与4号线11合用737440插片	KC—31B.000.00JL—04WX
	6	AWM1015 AWG16 红色	100	KR	2	63445 及护套	MC	C	63445 及护套	KC—31B.000.00JL—05WX
	5	AWM1015 AWG16 红色	100	SA1	2	63445 及护套	KT	C	63445 及护套	KC—31B.000.00JL—05WX
	4	AWM1015 AWG20 黑色	280	ML	2	63475-2 及护套	XT	N	737440 及护套	KC—31B.000.00JL—04WX
	3	AWM1015 AWG20 黄色	170	SA2	2	63475-2 及护套	ML	1	63475-2 及护套	KC—31B.000.00JL—03WX

借(通)用件登记	标记	处数	更改文件号	签字	日期	电气接线图
描图	设计		标准化			KC—31E.000.00JL
描校			审核			图样标记 S / 重量 / 比例
旧底图总号	校对		批准			共3张 / 第3张
底图总号	工艺		日期			江苏春兰制冷设备股份有限公司
签字						
日期						

图8-9 单冷(冷风)型KC—31E的电气接线图(表)

第四部分　总结提高

（1）认真总结学习过程，写出设计工作的主要过程、重点和难点。

（2）根据本任务所掌握的知识和技能回答下列问题。

① 什么是产品性能试验？什么是产品型式试验？

② 如何选用电器元器件？

③ 如何确定电气设备的电气控制设计方案？

④ 进行电气控制系统试制时应进行哪些准备？

⑤ 如何完善电气控制系统的设计？

参 考 文 献

[1] 李树元，孟玉茹. 电气设备控制与检修. 北京：中国电力出版社，2009.

[2] 徐建俊. 电动机与电气控制项目教程. 北京：机械工业出版社，2008.

[3] 李崇华. 电气控制技术实训教程. 重庆：重庆大学出版社，2004.

[4] 殷培峰. 电气控制与机床电路检修技术（理实一体化）. 北京：化学工业出版社 ，2012.

[5] 李俊秀. 电气控制与PLC应用技术（理实一体化）. 北京：化学工业出版社，2010.